中级电工技术

李新亮　李国臣　朱集锦　李忠文　编

化学工业出版社

·北京·

内 容 提 要

《中级电工技术》围绕中级维修电工考证的理论知识机考和操作技能考核两方面的要求编写。《中级电工技术》设计了18个实训项目，由浅入深，训练内容包括断路器、熔断器、主令电器、接触器、继电器、电阻器、电容器、二极管、三极管、三端集成稳压器、晶闸管、单结晶体管等器件的辨认和选用；万用表使用；电气图绘制与识读；可编程控制器编程；电子线路板焊接与组装；三相异步电动机正反转电路、星三角启动电路的继电器控制电路安装、调试和可编程控制器（PLC）控制编程；机床控制电路维修以及其他经典继电器控制电路和可编程控制器（PLC）控制电路的安装、应用。《中级电工技术》基于考证试题库编写了机考理论题习题和模拟试卷，并附答案。

《中级电工技术》可作为维修电工职业资格证书考证培训、企业电工培训的教材，以及自动化类、机电类专业高等和中等职业技术教育电工实训教学用书。

图书在版编目（CIP）数据

中级电工技术/李新亮等编. —北京：化学工业出版社，2020.9

ISBN 978-7-122-37189-8

Ⅰ.①中… Ⅱ.①李… Ⅲ.①电工技术 Ⅳ.①TM

中国版本图书馆CIP数据核字（2020）第097683号

责任编辑：李玉晖　　装帧设计：刘丽华

责任校对：宋　玮

出版发行：化学工业出版社（北京市东城区青年湖南街13号　邮政编码100011）

印　　刷：三河市航远印刷有限公司

装　　订：三河市宇新装订厂

787mm×1092mm　1/16　印张13　字数266千字　2020年9月北京第1版第1次印刷

购书咨询：010-64518888　　售后服务：010-64518899

网　　址：http://www.cip.com.cn

凡购买本书，如有缺损质量问题，本社销售中心负责调换。

定　价：52.00元

随着现代制造技术的快速发展，企业的自动化、智能化生产改造日益迫切，随之而来的是对技术技能型人才的需求不断增加。企业自动化生产所需要的电工操作和电气维修的技能人员紧缺，因此，培养技术技能型的电工人才以满足企业需求非常必要。为了满足企业电工技术职业技能人才培养的需求，我们根据《国家职业标准—维修电工（中级）》的基本要求，编写了本书。

本书遵循理论联系实际的原则，从企业生产实际出发，依托国家职业标准，将专业技术与职业资格证书考核要求紧密结合，使得学习者掌握本岗位操作技能，为学习者持证上岗奠定良好的技术基础。本书以提升能力为本，重视操作技能的培养，突出职业技术特色，理论知识遵循“实用、够用、易学”的原则，重点加强了技术操作内容，强调实际工作能力的培养。

本书可作为维修电工职业技能鉴定考证培训教材、企业电工工人的培训教材，以及自动化类、机电类专业高等和中等职业技术教育电工实训教学用书。

本书主要编写人员为李新亮（东莞理工学校）、李国臣（东莞职业技术学院）、朱集锦（广东科技学院）、李忠文（东莞职业技术学院），参编人员为陈巨（东莞市人力资源局）、唐方红（东莞职业技术学院）、梁柱（广东创新科技职业学院）、李锋（广东创新科技职业学院）、卓荣海（广东创新科技职业学院）、陈俊超（东莞职业技术学院）、王晓斌（东莞职业技术学院）、李哲（东莞市快意电梯工程服务有限公司）。

由于编者水平有限，本书涉及生产实际操作的范围较广，不足之处在所难免，恳请专家和读者批评指正。

编者

2020 年 5 月

目录

低压电器基础

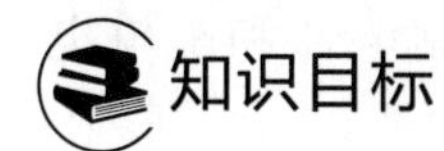

知识目标

低压电器的种类及其功能。
低压电器的使用规则。
低压电器的基本参数。
低压电器的设计使用。
低压电器的检测。

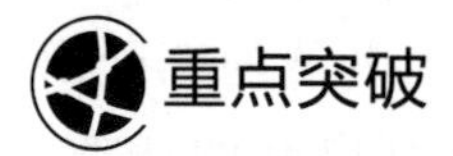

重点突破

低压电器的种类及其功能。
低压电器的使用规则。
低压电器的应用功能。
低压电器的基本使用技能。
低压电器的检测和仪器使用。

1.1 任务导入

熟悉低压电器的种类及其功能；了解低压电器的结构组成、工作原理、使用规则和功能；认识和使用低压电器；检测低压电器。

1.2 相关知识

1.2.1 低压电器定义和分类

电器对电能的生产、输送、分配和使用起控制、调节、检测、转换及保护作用。我国现行标准将工作在交流 50Hz、额定电压 1200V 及以下或直流额定电压

1500V 及以下电路中的电器称为低压电器。

低压电器种类繁多，它作为基本元器件广泛用于发电厂、变电所、工矿企业、交通运输部门等的电力输配电系统和电力拖动控制系统中。

随着科学技术的不断发展，低压电器将会向体积小、重量轻、安全可靠、使用方便及性价比高的方向发展。

低压电器的品种、规格很多，作用、构造及工作原理各不相同，因而有多种分类方法。

按用途分：低压电器按它在电路中所处的地位和作用可分为控制电器和配电电器两大类。

按动作方式分：分为自动电器和手动电器两大类。

按有无触点分：分为有触点电器和无触点电器两大类。

按工作原理分：分为电磁式电器和非电量控制电器两大类。电磁式电器由感受部分（即电磁机构）和执行部分（即触点系统）组成。

1.2.2 低压电器的基本结构

低压电器一般都有两个基本部分，即感受部分和执行部分。感受部分感受外界信号，并做出反应。自控电器的感受部分大多由电磁机构组成；手动电器的感受部分通常为电器的操作手柄。执行部分根据控制指令，执行接通或断开电路的任务。下面简单介绍电磁式低压电器的电磁机构和触头系统。

（1）电磁机构

电磁机构由线圈、铁芯及衔铁等几部分组成。按通过线圈的电流种类分为交流电磁机构和直流电磁机构；按电磁机构的形状分为 E 形和 U 形两种；按衔铁的运动形式分为拍合式和直动式两大类，如图 1-1 所示。

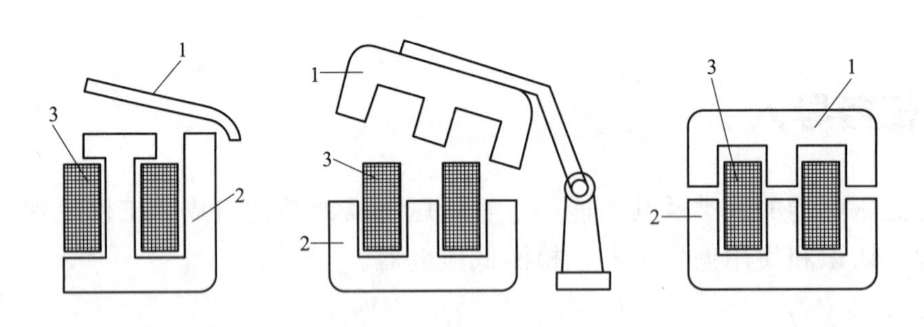

图 1-1 常用的电磁机构

1—衔铁；2—铁芯；3—线圈

1）铁芯（交流、直流有所区别） 直流电磁铁通入的是直流电，其铁芯不发热，只有线圈发热，因此线圈和铁芯接触以利于散热，线圈形状做成无骨架、瘦高型，以改善散热。交流电磁铁由于通入的是交流电，铁芯中存在磁滞损耗和涡流损耗，线圈和铁芯都发热，所以交流电磁铁的线圈有骨架使铁芯和线圈隔离，并将线圈制成短而厚的矮胖型，以利于铁芯和线圈的散热。铁芯用硅钢片叠加而成，以减少涡流损耗。

2）线圈　线圈是电磁机构的心脏，按接入线圈电源种类的不同，可分为直流线圈和交流线圈。根据励磁的需要，线圈可分串联和并联两种，前者称为电流线圈，后者称为电压线圈。

3）电磁机构工作原理　当线圈中有工作电流通过时，通电线圈产生磁场，于是电磁吸力克服弹簧的反作用力使衔铁与铁芯闭合，由连接机构带动相应的触头动作。

4）短路环的作用　当线圈中通以直流电时，气隙磁场感应强度不变，直流电磁铁的电磁吸力为恒值。当线圈中通以交流电时，气隙磁场感应强度为交变量，交流电磁铁的电磁吸力在 0 和最大值之间变化，会产生剧烈的振动和噪声，因此交流电磁机构一般都有短路环。图 1-2 是接触器短路环。短路环的作用是将磁通分相，使合成后的吸力在任一时刻都大于反力，消除振动和噪声。

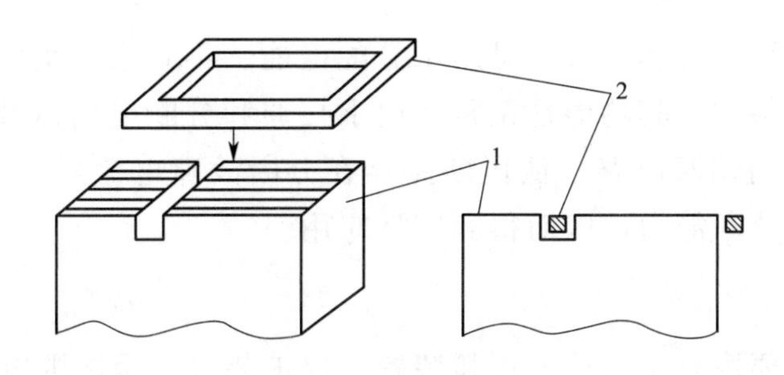

图 1-2　接触器短路环

1—铁芯；2—短路环

（2）触头系统

触头用来接通或断开电路，主要分类方式：

1）按其接触形式分可为点接触、面接触和线接触 3 种，如图 1-3 所示是常见的触头结构。

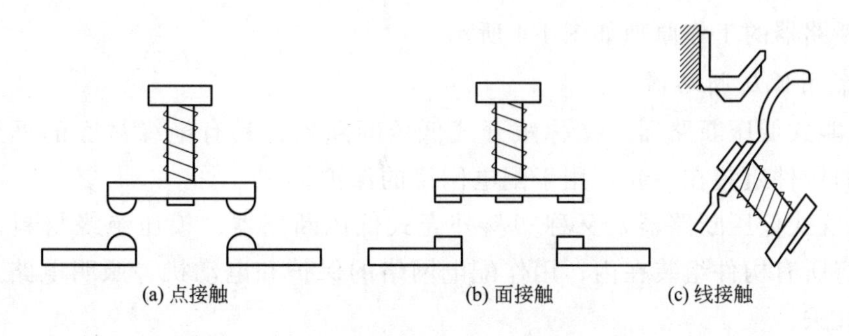

(a) 点接触　(b) 面接触　(c) 线接触

图 1-3　常见的触头结构

2）按控制的电路分为主触头和辅助触头。

3）按原始状态分为常开触头和常闭触头。

（3）电弧的产生与熄灭

强电场通断易导致电弧产生。电弧的危害是烧毁触头，延长切断时间，引起事故。

电弧分直流电弧和交流电弧。交流电弧有自然过零点，故其电弧较易熄灭。

灭弧的方法如下。

① 机械灭弧：通过机械将电弧迅速拉长，用于开关电路。

② 磁吹灭弧：电弧被拉长且被吹入由固体介质构成的灭弧罩内，电弧被冷却熄灭。

③ 窄缝灭弧：将电弧拉长进入灭弧罩的窄缝中，使其分成数段并迅速熄灭，主要用于交流接触器中。

1.2.3 低压断路器

低压断路器（称为自动开关）可用于分配电能、不频繁启动电动机、对供电线路及电动机等进行保护，其功能是正常情况下接通和分断电路以及严重过载、短路及欠压等故障时自动切断电路。低压断路器在分断故障电流后，不需要更换零件，且具较大的接通和分断能力，因而得到广泛应用。

（1）结构

低压断路器主要由触头系统、灭弧装置、保护装置、操作机构等组成。

触头系统一般由主触头、弧触头和辅助触头组成。

灭弧装置采用栅片灭弧方法。灭弧栅一般由长短不同的钢片交叉组成，放置在灭弧室内。

保护装置由各类脱扣器（过流、失电及热脱扣器等）构成，以实现短路、失压、过载等保护功能。低压断路器有较完善的保护装置，但构造复杂，价格较贵，维修麻烦。

（2）工作原理

低压断路器的工作原理如图 1-4 所示。

（3）常用低压断路器

1）万能式低压断路器，又称敞开式低压断路器；具有绝缘衬底的框架结构底座，所有的构件组装在一起；用于配电网络的保护。

2）装置式低压断路器，又称塑料外壳式低压断路器；模压绝缘材料制成封闭型外壳，将所有构件组装在内；用作配电网络的保护和电动机、照明电路及电热器等的控制开关。

低压断路器的型号含义和图形符号如图 1-5 所示，主要有以下系列。

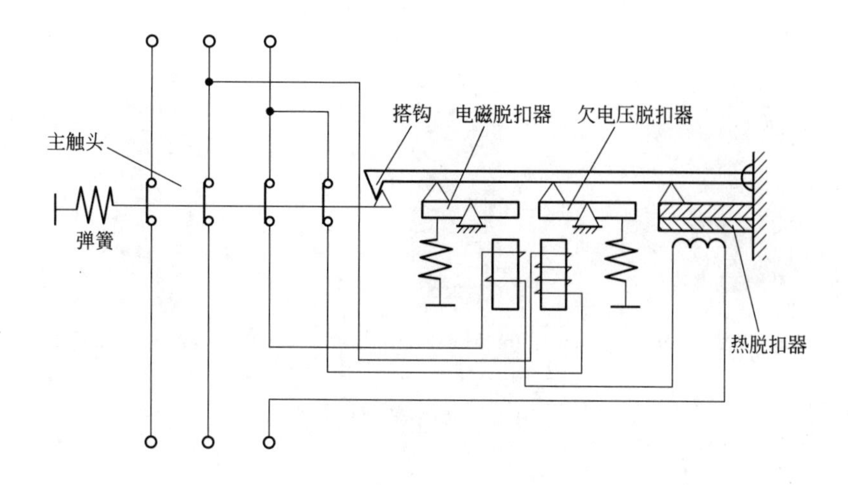

图 1-4 低压断路器工作原理

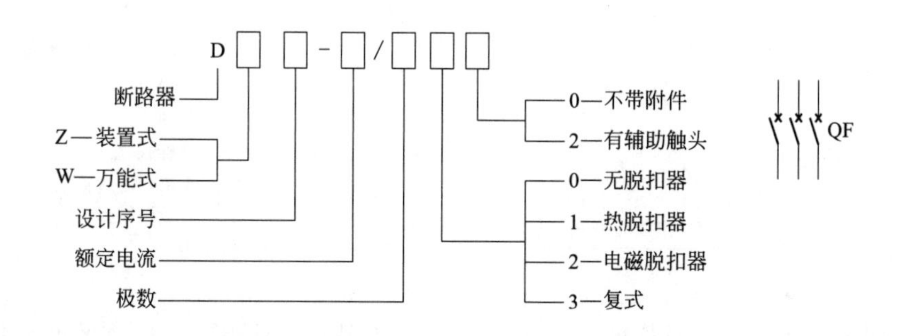

图 1-5 低压断路器的型号含义和图形符号

万能式：DW10 和 DW15 系列。

装置式：DZ5、DZ10 和 DZ20 系列。

1.2.4 熔断器

(1) 熔断器的工作原理和保护特性

熔断器是一种结构简单、使用方便、价格低廉的保护电器，广泛用于供电线路和电气设备的短路保护和严重过载保护。熔体是熔断器的核心，通常用低熔点的铅锡合金、锌、铜、银的丝状或片状材料制成，新型的熔体通常设计成灭弧栅状和变截面片状结构。当通过熔断器的电流超过一定数值并经过一定的时间后，电流在熔体上产生的热量使熔体某处熔化而分断电路，从而保护了电路和设备。熔断器由熔体和安装熔体的熔断管（或座）等部分组成。熔断器的外形如图 1-6 所示。

熔断器熔体熔断的电流值与熔断时间的关系称为熔断器的保护特性曲线，也称为熔断器的安-秒特性，如图 1-7 所示。

熔体的额定电流 I_{fN} 是熔体长期工作而不致熔断的电流。

(a) 螺旋式熔断器

(b) 插式熔断器

(c) 半导体器件保护熔断器

图 1-6 熔断器的外形

熔断器的型号含义和图形符号如图 1-8 所示。

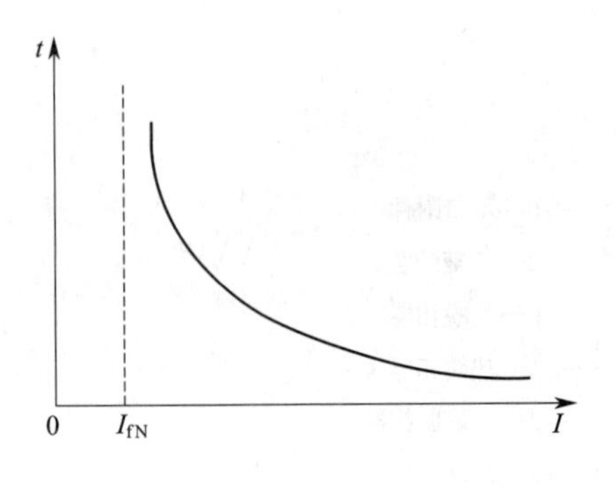

图 1-7 熔断器的安-秒特性

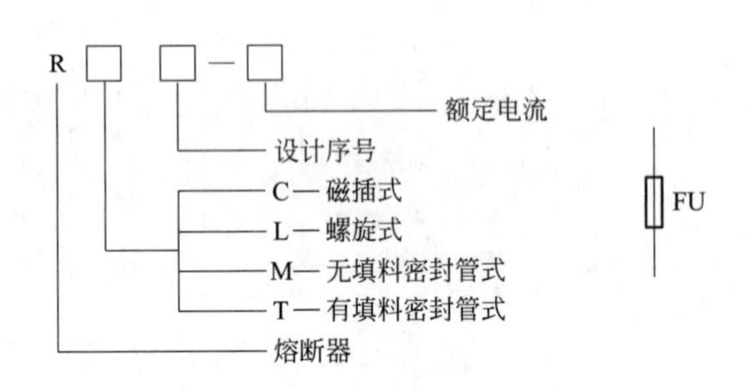

图 1-8 熔断器的型号含义和图形符号

（2）特点及用途

低压熔断器按形状可分为管式、插入式、螺旋式和羊角保险等；按结构可分为半封闭插入式、无填料封闭管式和有填料封闭管式等。

在电气控制系统中经常选用螺旋式熔断器，它有分断指示明显、不用任何工具就可取下或更换熔体等优点。

常用的几种熔断器如下：

RLS2 系列，快速熔断器，用以保护半导体硅整流元件及晶闸管，可取代老产品 RLS1 系列。

RT12、RT15 系列，有填料密封管式熔断器，瓷管两端铜帽上焊有连接板，可直接安装在母线排上。RT12、RT15 系列带有熔断指示器，熔断时红色指示器弹出。

RT14 系列，熔断器带有撞击器，熔断时撞击器弹出，既可作熔断信号指示，也可触动微动开关以切断接触器线圈电路，使接触器断电，实现三相电动机的断相保护。

（3）主要参数

低压熔断器的主要参数如下。

① 额定电压：指熔断器长期工作时和分断后能够承受的电压，其值一般等于或大于电气设备的额定电压。

② 额定电流：熔断器的额定电流 I_{ge} 表示熔断器的规格。熔体的额定电流 I_{Te} 表示熔体在正常工作时不熔断的工作电流。熔体的熔断电流 I_b 表示使熔体开始熔断的电流，$I_b>(1.3\sim2.1)I_{Te}$。

③ 极限分断能力（熔断器的断流能力 I_d）：指熔断器在规定的额定电压和功率因数（或时间常数）的条件下，能分断的最大电流值。在电路中出现的最大电流值一般指短路电流值。所以极限分断能力反映了熔断器分断短路电流的能力。如果线路电流大于熔断器的断流能力，熔丝熔断时电弧不能熄灭，可能引起爆炸或其他事故。低压熔断器的几个主要参数之间的关系为：$I_d>I_b>I_{ge}\geqslant I_{Te}$。

1.2.5 主令电器

主令电器是用来发布命令、改变控制系统工作状态的电器，它可以直接作用于控制电路，也可以通过电磁式电器的转换对主电路实现控制。可以把它理解为一种专门发号施令的电器，故称为主令电器。主令电器应用广泛，种类繁多，常用的主令电器有按钮开关、位置开关、转换开关、凸轮控制器等。

按钮开关俗称按钮，是一种结构简单、应用广泛的主令电器，一般情况下它不直接控制主电路的通断，而在控制电路中发出手动“指令”去控制接触器、继电器等电器，再由它们去控制主电路，也可用来转换各种信号线路与电气联锁线路等。按钮开关实物和结构如图 1-9 所示，它由按钮帽、复位弹簧、桥式触头和外壳等组成。其图形符号如图 1-10 所示，其文字符号为 SB。

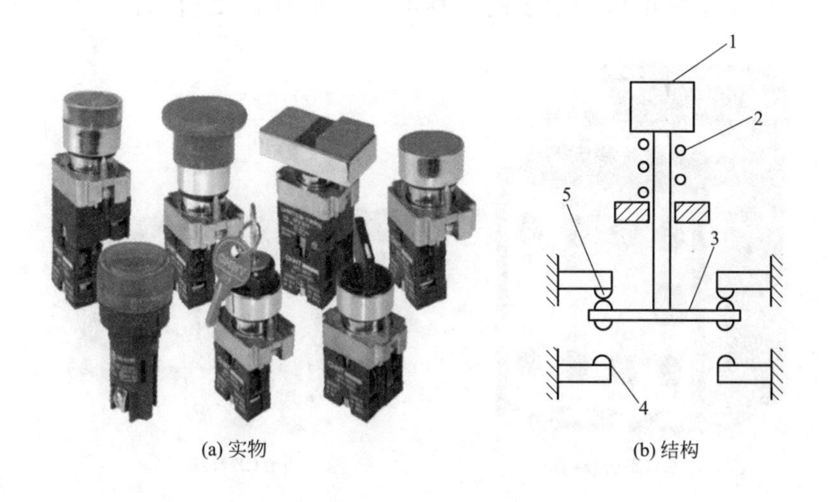

(a) 实物　　(b) 结构

图 1-9　按钮开关实物和结构

1—按钮帽；2—复位弹簧；3—动触头；4—常开触点静触头；5—常闭触点静触头

按钮开关使用注意事项：按钮开关时应注意触头间的清洁，防止油污、杂质进

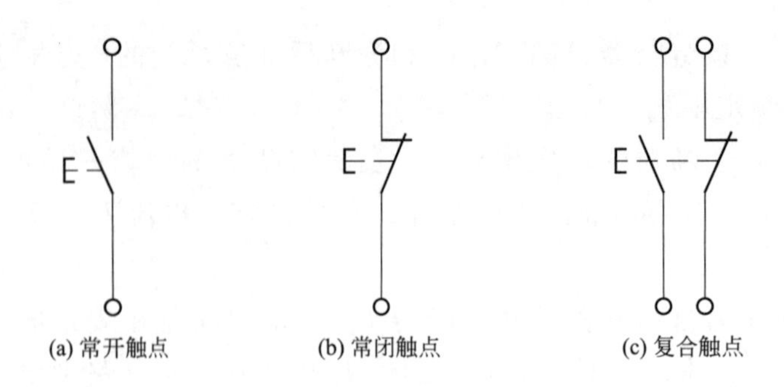

(a) 常开触点　(b) 常闭触点　(c) 复合触点

图 1-10　按钮开关的图形符号

入造成短路或接触不良等事故，高温下使用的按钮开关应加紧固垫圈或在接线柱螺钉处加绝缘套管。

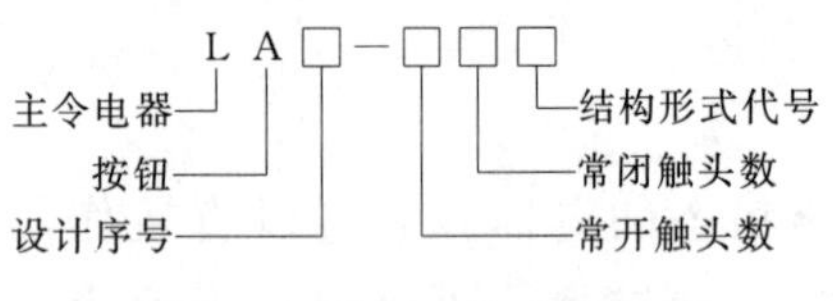

图 1-11　按钮开关型号含义

按钮开关型号含义如图 1-11 所示。

其中结构形式代号的含义为：K—开启式，S—防水式，J—紧急式，X—旋钮式，H—保护式，F—防腐式，Y—钥匙式，D—带灯按钮。

1.2.6　接触器

接触器属于控制类电器，是一种适用于远距离频繁接通和分断交直流主电路和控制电路的自动控制电器。接触器按其主触点通过电流种类不同，有直流接触器和交流接触器，其主要控制对象是电动机，也可用于其他电力负载，如电热器、电焊机等。接触器具有欠压保护、零压保护功能和控制容量大、工作可靠、寿命长等优点，它是自动控制系统中应用最多的一种电器，如图 1-12 所示。

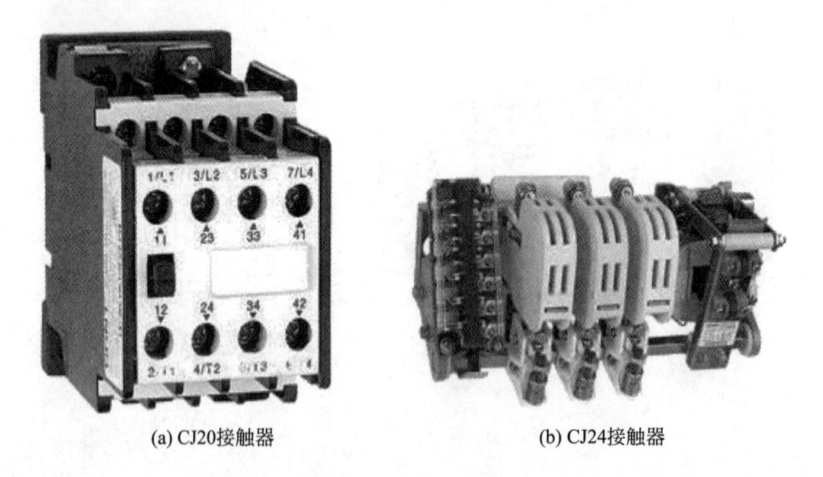

(a) CJ20接触器　(b) CJ24接触器

图 1-12　接触器

(1) 结构

接触器由电磁系统、触头系统、灭弧系统、释放弹簧及基座等部分构成。

电磁机构：动、静铁芯，吸引线圈和反作用弹簧。

触头系统：主触头、辅助触头；常开触头（动合触头）、常闭触头（动断触头）。

灭弧装置：灭弧罩及灭弧栅片。

图1-13是交流接触器结构。

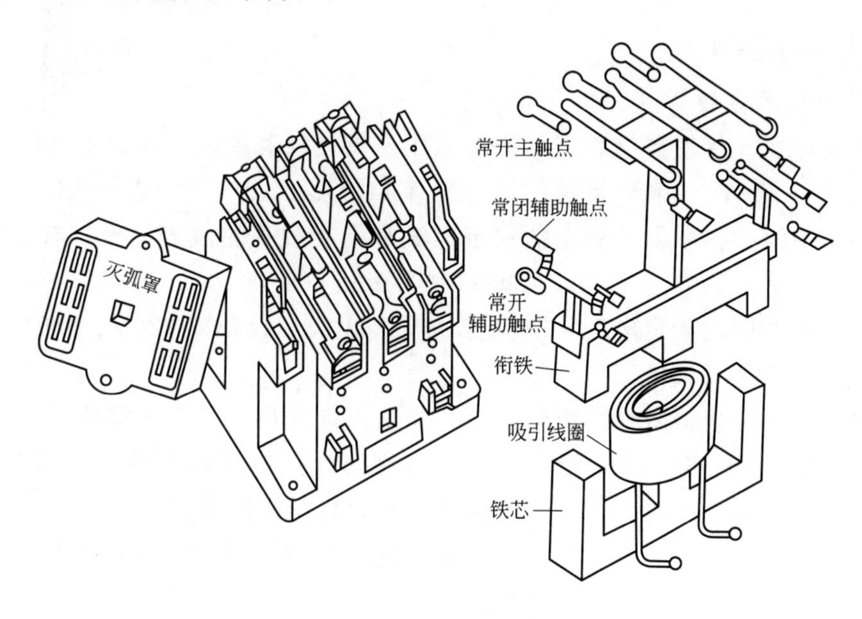

图1-13 交流接触器结构

(2) 工作原理

接触器的工作原理是利用电磁铁吸力及弹簧反作用力配合动作，使触头接通或断开。交流接触器工作原理如图1-14所示。

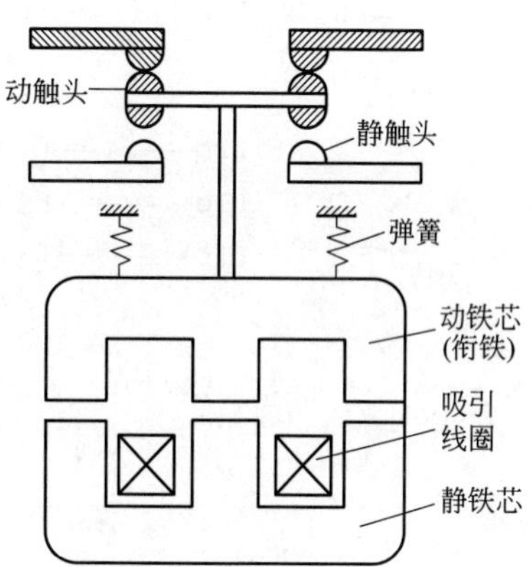

图1-14 交流接触器工作原理

(3) 常用接触器

1) 交流接触器

交流接触器用于控制电压至380V、电流至600A的50Hz交流电路。铁芯为双E型，由硅钢片叠成。在静铁芯端面上嵌入短路环。CJ0、CJ10系列大都采用衔铁作直线运动的双E直动式或螺管式电磁机构。而CJ12、CJ12B系列则采用衔铁绕轴转动的拍合式电磁机构。线圈做成短而粗的形状，线圈与铁芯之间留有空隙以增加铁芯的散热效果。接触器的触头用于分断或接通电路。交流接触器一般有3对主触头，2对辅助触头。

2) 直流接触器

直流接触器主要用于电压440V、电流600A以下的直流电路。其结构与工作原理基本上与交流接触器相同。所不同的是除触头电流和线圈电压为直流外，其触头大都采用滚动接触的指形触头，辅助触头则采用点接触的桥形触头。铁芯由整块钢或铸铁制成，线圈制成长而薄的圆筒形。为保证衔铁可靠地释放，常在铁芯与衔铁之间垫有非磁性垫片。由于直流电弧没有自然过零点，所以更难熄灭，常采用磁吹式灭弧装置。

(4) 接触器的使用

1) 主要技术参数

① 额定电压　接触器铭牌上的额定电压是指接触器主触头的额定电压，交流有127V、220V、380V、500V等挡位；直流有110V、220V、440V等挡位。

② 额定电流　接触器铭牌上的额定电流是指主触头的额定电流，有5A、10A、20A、40A、60A、100A、150A、250A、400A和600A。

③ 接触器线圈的额定电压　交流有36V、110V、127V、220V、380V；直流有24V、48V、220V、440V。

④ 电气寿命和机械寿命　电气寿命是指在不同使用条件下无需修理或更换零件的负载操作次数；机械寿命是指在需要正常维修或更换机械零件（包括更换触头）前所能承受的无载操作循环次数。

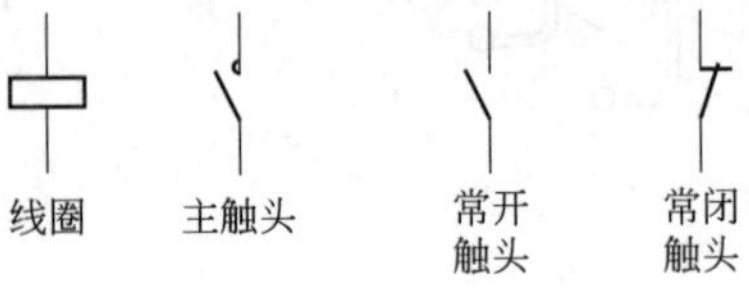

线圈　主触头　常开触头　常闭触头

图 1-15　交流接触器的图形符号

⑤ 额定操作频率　是指接触器每小时的操作次数。

2) 接触器的型号含义

交流接触器的图形符号如图1-15所示，文字符号为KM。

3) 电气原理和接线

电动机具有正转控制的电气原理图如图1-16所示。

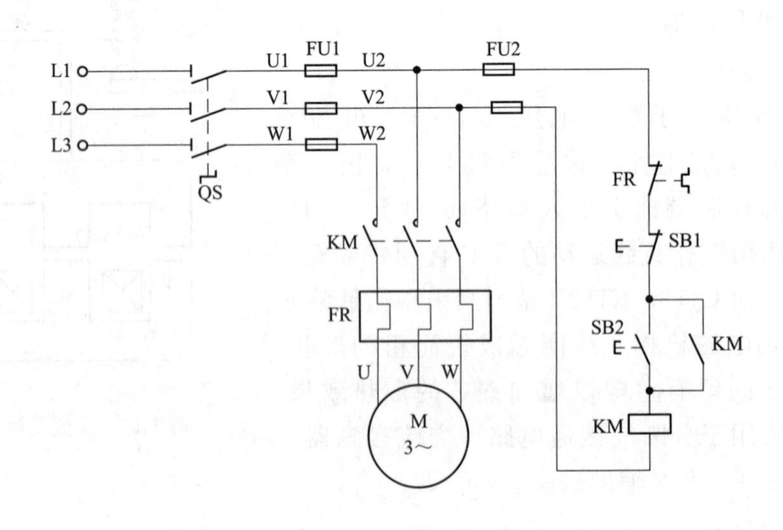

图 1-16　电动机具有正转控制的电气原理图

电动机接线有星形接法和三角形接法两种，具体的接线方法如图1-17所示。

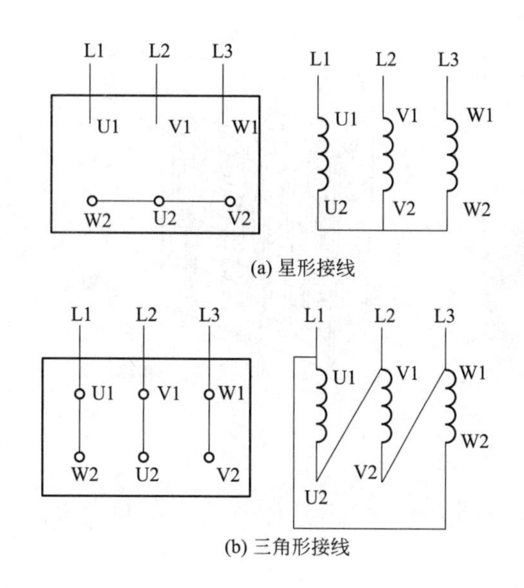

图1-17 电动机的星形和三角形接线

1.2.7 继电器

继电器是一种根据某种输入信号的变化而接通或断开控制电路，实现控制目的的电器。它具有输入电路（感应元件）和输出电路（执行元件）。继电器的输入信号可以是电流、电压等电量，也可以是温度、速度、时间、压力等非电量，而输出通常是触点的接通或断开。当感应元件中的输入量（如电压、电流、温度、压力等）变化到某一定值时继电器动作，执行元件便接通和断开控制电路，继电器的型号含义如图1-18所示。

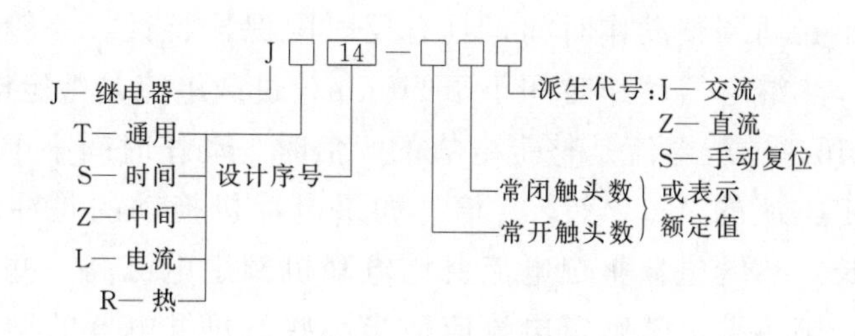

图1-18 继电器的型号含义

热继电器是利用电流的热效应原理，在出现电动机不能承受的过载时切断电动机电路，为电动机提供过载保护的保护电器。

（1）热继电器结构

热继电器主要由热元件、双金属片和触点三部分组成，其外形、结构及图形符号如图 1-19 所示。

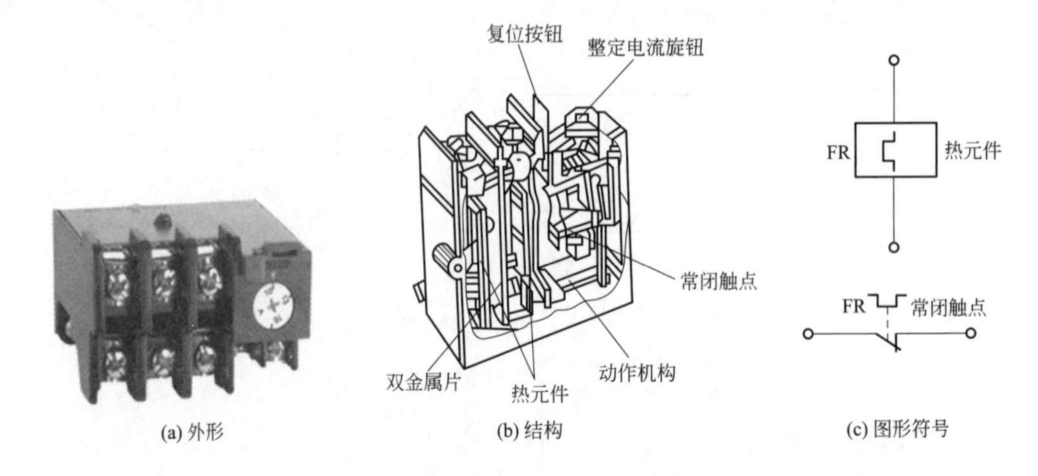

(a) 外形 (b) 结构 (c) 图形符号

图 1-19 热继电器外形、结构及图形符号

(2) 热继电器工作原理

热继电器发热元件接入电动机主电路。若长时间过载，双金属片被加热。双金属片的下层膨胀系数大，因此双金属片弯曲，推动导板运动，常闭触点断开。

(3) 热继电器选用

热继电器型号应根据电动机的接法和工作环境决定。当定子绕组采用星形接法时，选择通用的热继电器即可；如果绕组为三角形接法，则应选用带断相保护装置的热继电器。

(4) 热继电器整定

热继电器动作电流的整定主要根据电动机的额定电流来确定。热继电器的整定电流是指热继电器长期不动作的最大电流，超过此值即开始动作。热继电器可以根据过载电流的大小自动调整动作时间，具有反时限保护特性。一般过载电流是整定电流的 1.2 倍时，热继电器动作时间小于 20min；过载电流是整定电流的 1.5 倍时，动作时间小于 2min；过载电流是整定电流的 6 倍时，动作时间小于 5s。热继电器整定电流通常是额定电流的 0.95～1.05 倍。如果电动机拖动的是冲击性负载或电动机的启动时间较长，热继电器整定电流要比电动机额定电流高一些。但对于过载能力较差的电动机，则热继电器整定电流应适当小些。热继电器的型号含义如图 1-20 所示。

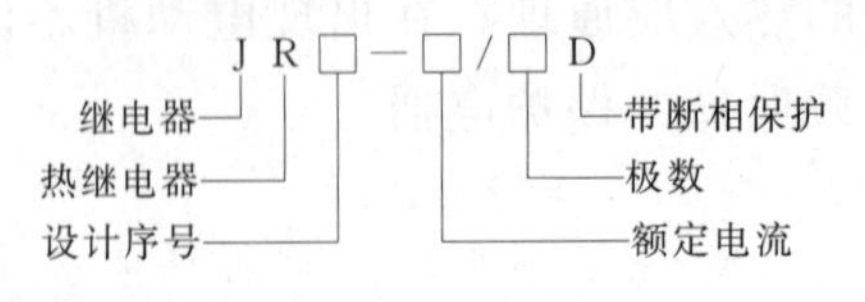

图 1-20 热继电器的型号含义

1.3 任务实施

1.3.1 低压断路器的选型

① 低压断路器的额定电流和额定电压应大于或等于线路、设备的正常工作电压和工作电流。

② 低压断路器的极限通断能力应大于或等于电路最大短路电流。

③ 欠电压脱扣器的额定电压等于线路的额定电压。

④ 过电流脱扣器的额定电流大于或等于线路的最大负载电流。

1.3.2 熔断器的选型

熔断器的选型主要是选择熔断器的形式、额定电流、额定电压以及熔体额定电流。熔断器的额定电压应大于或等于实际电路的工作电压；熔断器额定电流应大于等于所装熔体的额定电流。

1.3.3 主令电器的选用

按钮开关使用时应注意触头间的清洁，防止油污、杂质进入造成短路或接触不良等事故，高温下使用的按钮开关应加紧固垫圈或在接线柱螺钉处加绝缘套管。按钮结构形式有K（开启式）；S（防水式）；J（紧急式）；X（旋钮式）；H（保护式）；F（防腐式）；Y（钥匙式）；D（带灯按钮）等，根据工作条件合理选择。

1.3.4 接触器的选用

选择接触器时应按照以下几点。

① 接触器的类型选择：根据接触器所控制的负载性质选择直流接触器或交流接触器。

② 接触器主触头的额定电压大于等于负载额定电压。

③ 接触器的额定电流应大于或等于所控制电路的额定电流。对于电动机负载可按以下经验公式计算

$$I_C=\frac{1000P_N}{KU_N}$$

式中，I_C 为接触器主触头电流，A；P_N 为电机额定功率，kW；U_N 为电动机额定电压，V；K 为经验系数，一般取1～1.4。

④ 接触器线圈额定电压选择：当线路简单、使用电器较少时，可选用220V或380V；当线路复杂、使用电器较多或在不太安全的场所时，可选用36V、110V或127V。

⑤ 接触器的触头数量、种类应满足控制线路要求。

⑥ 根据操作频率（每小时触头通断次数）选择：当通断电流较大且通断频率超过规定数值时，应选用额定电流大一级的接触器型号，否则会使触头严重发热，甚至熔焊在一起，造成电动机等负载缺相运行。

1.3.5 热继电器选用和整定

热继电器型号的选用应根据电动机的接法和工作环境确定。当定子绕组采用星形接法时，选择通用的热继电器即可；如果绕组为三角形接法，则应选用带断相保护装置的热继电器。

整定：热继电器动作电流的整定主要根据电动机的额定电流来确定。热继电器的整定电流是指热继电器长期不动作的最大电流，超过此值即开始动作。热继电器可以根据过载电流的大小自动调整动作时间，具有反时限保护特性。一般过载电流是整定电流的 1.2 倍时，热继电器动作时间小于 20min；过载电流是整定电流的 1.5 倍时，动作时间小于 2min；过载电流是整定电流的 6 倍时，动作时间小于 5s。

1.4 检查与评定

1）识读具有正转控制的电气原理图

2）分析电路的工作原理

检查评定表见表 1-1。

表 1-1 识读具有正转控制电气原理图检查评定表

序号	完成情况(10-9-7-5-0 分)	评估		
		学生	组长	老师
1	识读分析原理图			
2	存档			
3	总分			

练习 1

① 常见空气开关的功能有哪些？

② 常见接触器的功能有哪些？

③ 低压电器的使用规则是什么？

④ 如何检测低压电器？

⑤ 如何设计使用低压电器？

⑥ 简述识读分析电气原理图的步骤。

电气制图基础

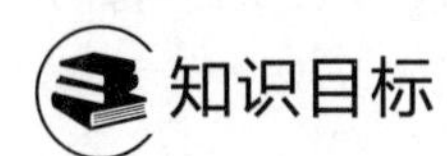

知识目标

电气图的相关国家标准。
电气制图国家标准的使用规则。
电气简图的基本绘制技能。
电子技术图的绘制。
电气图的识读。

重点突破

电子电气技术制图。
国家标准的使用规则。
电气图制图的国家标准。
电气制图基本技能。
电气原理图识读和绘制。
电子技术图识读和绘制。

2.1　任务导入

识读和绘制电气原理图，了解电气原理图的结构组成；根据原理图，认识国家标准的使用规则；识读和绘制电气原理图，掌握电气图制图的国家标准。

2.2　相关知识

电工电子技术是机械制造、机械加工、机电自动化、工业企业自动化的基础，设备及产品设计、制造、安装、调试都需要电工电子技术，通过电工电子技术来控制各种设备，以满足实际生产的需要。电工电子技术通常是靠电气线路图来进行各种信息的传递和交流。人们习惯将电气线路图定义为强电系统图和弱电系统图。强电系统的电路图通常指电气系统图、电气原理图、电气布局图、电气接线图等。弱电系统的电路图通常指电原理图、工艺图、功能逻辑图等，而工艺图包括印制电路板图、印制板装配图、布线图及面板图等。电气线路图的识读和绘制以及电气线路的焊接和组装是电工电子技术技能最重要的内容。

2.2.1 电气图的国家标准

电气图的国家标准有电气制图标准、电气图形符号标准、项目代号、文字符号和其他标准等。

（1）电气制图标准

GB/T 6988.1—2008　电气技术用文件的编制　第1部分：规则

替代以下标准：

GB/T 6988.1—1997　电气技术用文件的编制　第1部分：一般要求

GB/T 6988.2—1997　电气技术用文件的编制　第2部分：功能性简图

GB/T 6988.3—1997　电气技术用文件的编制　第3部分：接线图和接线表

（2）电气图形符号标准

GB/T 4728.1～13　电气简图用图形符号

GB/T 5465.1—2009　电气设备用图形符号　第1部分：概述与分类

GB/T 5465.2—2008　电气设备用图形符号　第2部分：图形符号

（3）项目代号、文字符号和其他标准

GB/T 5094.1～4，GB/T 4026，GB/T 4884，GB 13534等标准，规定了电气技术领域中项目代号的组成和应用原则；规定了电气技术文件中文字符号的组成和应用原则；规定了电气器件和这些器件组成的设备的接线端子标记及导线线端识别；规定了工业成套设备及组成部分的设备中所用的绝缘导线标记；规定了电气颜色标志代号。

2.2.2 电气图的表达、种类和用途

国家标准从三个方面提出了通用的术语和定义，这三个方面是：表达形式；表示方法；种类和用途。

（1）表达形式

电气图表达形式分为四种：图、简图、表图和表格。

图：包括各种机械图和各种用图形符号绘制的电气图等。

简图：用图形符号、带注释的围框或简化外形表示系统或设备中各组成部分之间相互关系及连接关系。简图在电气图中广泛采用，例如系统图、框图、电路图、逻辑图和接线图都是简图。

表图：表示两个或两个以上变量、动态或状态之间关系的一种图。表图包括曲线图、时序图、波形图等。

表格：把数据等内容按纵横排列的一种表达形式，用以说明系统、成套装置或设备中各组成部分相互关系或连接关系，或用以提供工作参数。表格简称为表，表格可以作为图的补充，也可以代替图。

(2) 表示方法

电气图常用的表示方法有三种类型，即电路的表示方法、元件的表示方法、简图的布局方法。

电路的表示方法有两种：单线表示法和多线表示法。

元件的表示方法有三种：集中表示法、板集中表示法和分开表示法。

简图的布局方法有两种：功能布局法和位置布局法。

(3) 种类及用途

电气图种类很多，经过综合和统一，按照用途可划分16种类型。在实际工作中，常用的有系统图、框图、电路原理图、接线图或接线表、位置图、印制板电气图等。

电路原理图是用图形符号，按照工作顺序排列，详细表示电路、设备或成套装置的全部基本组成和连接关系，不考虑其实际位置的一种简图。电路图以图形符号代表电气元件，以实线表示电气性能的连接，按电路、设备或成套装置的功能原理绘制。异步电动机带变压器的全波整流能耗制动控制电路原理图如图2-1所示。

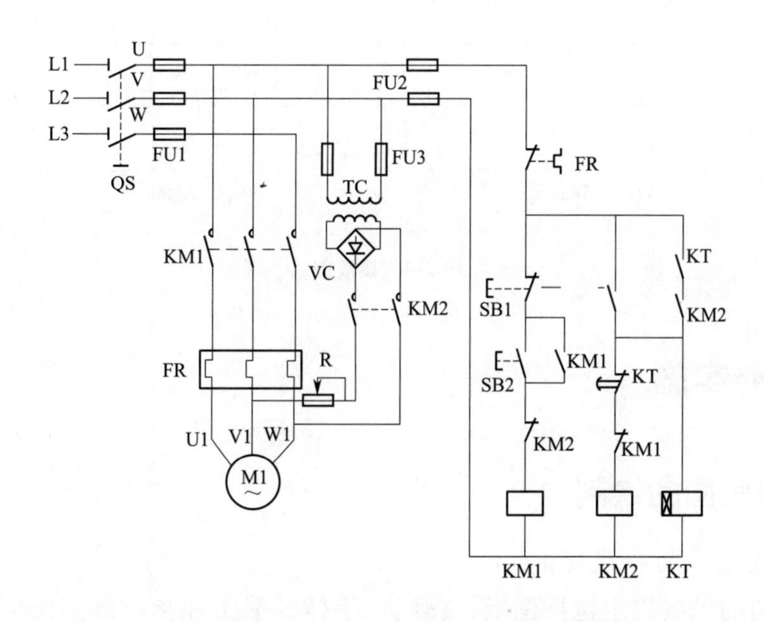

图2-1 异步电动机带变压器的全波整流能耗制动控制电路原理图

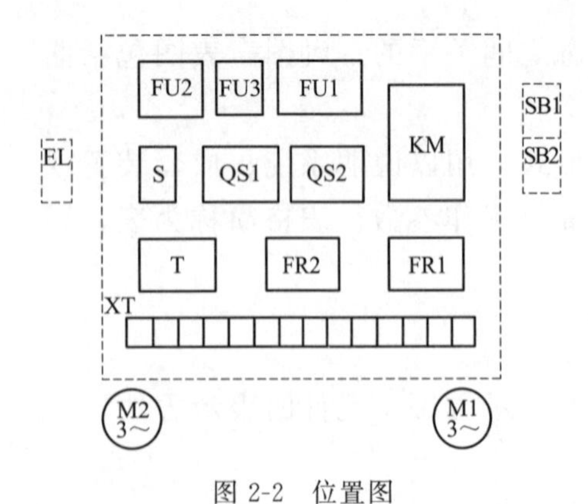

图 2-2 位置图

位置图是表示成套装置、设备或装置中各个项目的位置的一种简图。位置图也叫做布置图，是根据电气设备或电气元件在控制台或屏上的实际安装位置，以简化的外形符号绘制。位置图如图 2-2 所示。

接线图是表示设备、成套装置或装置连接关系的简图。接线图是在电路图和位置图的基础上编制的，它可以单独使用，也可组合使用。接线图如图 2-3 所示。

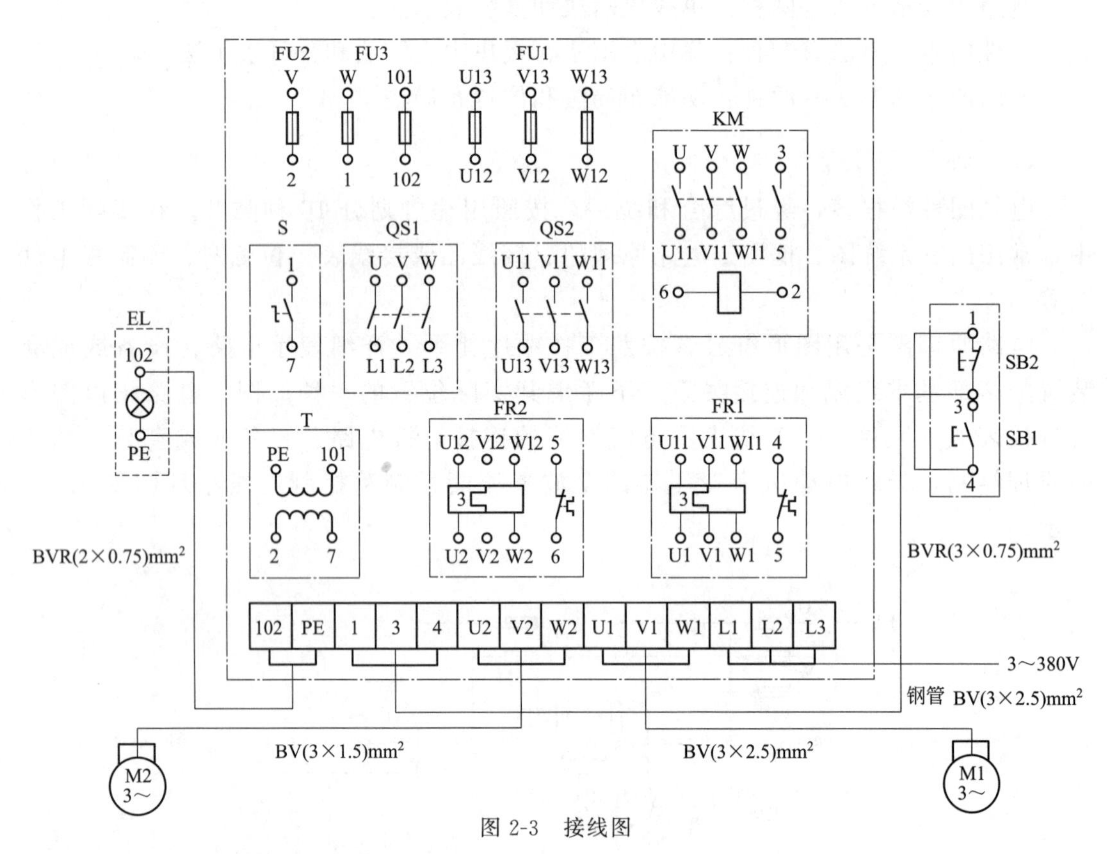

图 2-3 接线图

2.3 任务实施

2.3.1 电气图的绘制

（1）电气制图的一般规定

电气制图的一般规定包括图纸、图线、字体、箭头和指引线、比例等项，其中图纸中的内容较多，图纸包括图纸幅面、图纸格式、图纸幅面分区、图纸编号。

图纸幅面：图纸短边和长边所确定的尺寸。

图纸格式：主要包括图框、标题栏、图幅分区等内容。

图线：绘制电气图所用的各种线条的统称。

字体：与机械制图中的字体要求相同，主要有汉字、字母和数字等。

箭头和指引线：电气图上有两种箭头表示形式，即开口箭头和实心箭头；指引线是用来指示注释的对象，采用细实线，在末端加注标记。

比例：图形与实物的相应要素的线性尺寸之比。

(2) 简图的布局要求

电气图中大部分都是简图。对简图的布局要求是要利于对图的理解，做到布局合理、排布均匀、图面清晰、便于识图。制图标准规定了间隔、连接线或导线、布局和输入输出引线的绘制样式。

(3) 图形符号的要求

图形符号是用于电气图或技术文件中的表示实物或概念的一种图形、记号或符号。图形符号是绘制与识读电气图的基础，是电气图的基本单元，是电气制图中必不可少的基本要素。图形符号是一种以简明易懂的方式来传递信息，表示实物或概念，提供有关条件、相关性及动作信息的工业语言，也是电气技术文件中、电气技术领域的工程语言。绘制简图时必须执行标准，按照国家标准 GB 4728.1～13（电气简图用图形符号）规定执行。标准规定了一般符号、符号要素、限定符号和通用的其他符号，规定了符号的绘制方法和使用规则，包括符号的选择、符号的大小、符号的取向、符号的引线以及符号的绘制。

(4) 连接线的要求

在电气图上，各种图形符号之间的相互连线如导线、信号通路、电缆线、元器件之间的连线及设备的引线，称为连接线。连接线是用来传输能量、传输信息的导线，表示设备中各组成部分和元器件的连接关系，是电气图的重要组成部分。标准规定了连接线的一般要求，连接线的标记，中断线、单线及围框等内容要求。

(5) 项目代号和端子代号的要求

项目代号是用以识别简图、表图、表格和其他技术文件中以及设备上的项目的一种特定关系的代码，标注在各个图形符号近旁，以便在图形符号和实物之间建立明确的一一对应关系，为装配和维修提供方便。端子代号是用以同外电路进行电气连接的电器的导电件的代号，用于现场连接或用于测试、寻找故障位置的连接点，有端子、端子板、插头插座等端子代号。标准规定了项目代号的标注、端子代号的标注等。

(6) 其他规定

其他规定包括注释和标志、技术数据、图形符号或元件在图纸上的位置。

(7) 文字符号的要求

电气系统或电气设备、装置除了用图形符号在电气图上或技术文件中来表示外，还必须也用文字符号和项目代号来表示，以便区别其名称、功能、状态、相互关系、安装位置等。文字符号是以文字形式作为代码或代号，来表明项目种类和线路的特征、功能、状态或概念，标注在电气系统、设备、装置和元器件上或其图形符号的旁边。电气技术中位置符号分为基本文字符号和辅助文字符号。位置符号除有关标准规定外，还采用物理量符号、单位代号和化学元素符号等。

2.3.2 电子技术图的绘制及识读

（1）电子技术图定义

电子技术图主要包括电子电路图和电子工艺图。电子电路图包括系统图、电气原理图、功能图、逻辑图、流程图、明细表和技术说明书等。电子工艺图包括装配图、印制板装配图、实物装配图、安装工艺图、布线图、印制板图、机壳底板图、操作面板图等。电子电路图是用来说明系统的工作原理、工作过程及功能。电子工艺图是电子电路系统的加工、生产、制作、检验和调校的重要依据。电子技术图也是产品设计、制造、检验、储运、销售服务、使用维修过程的重要依据。电子技术图具有严格的标准、严谨的格式、严格的管理，其中电子技术文件还涉及核心技术，是生产制造厂家的重要资产。

（2）电子技术图绘制的一般规定

电气原理图也称作电子电路图、电子线路图，是电子技术图的核心部分。电气原理图用图形符号和辅助文字表达设计思想，描述电路原理及工作过程，按照一定的规则表达元器件之间的连线及电路各部分的功能。电气原理图的绘制具有严格的要求并且应当布置均匀、条理清楚。

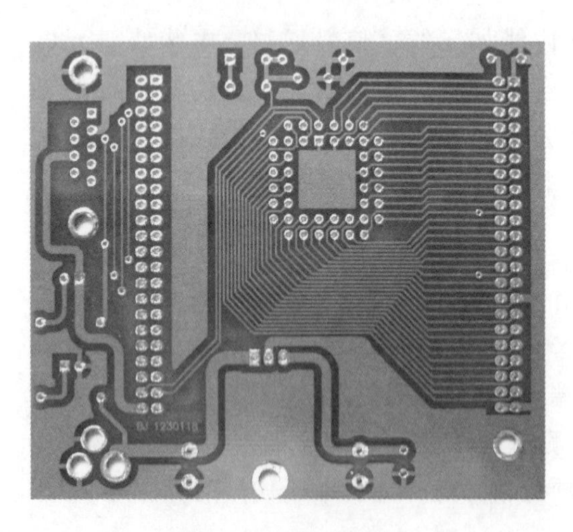

图 2-4　印制电路板图

印制电路板图也称作电子线路板图，简称印制板或 PCB 板。印制板是由覆有铜箔的绝缘层基板制成，主要用于各种元器件的插接，并且起着电气连接和结构支撑的作用。印制板加工制作、焊接和装配所用的图样是印制电路板图，也称印刷电路板，简称印制板图。印制板图是采用正投影法和符号法进行绘制；尺寸采用尺寸线法和坐标网格法标注；绘制要求按照国家标准 GB 5489 印制板制图的规定绘制，此外还要符合机械制图及其他有关标准的规定。印制电路板图如图 2-4 所示。

印制板图分为印制板零件图和印制板装配图。印制板零件图主要表示印制板的电气元器件的布置和接线，是表示印制板结构要素、导电图形、标记符号、技术要求和有关说明的图样；印制板装配图是表示印制板的各种元器件、结构件等与印制板连接、装配关系的图样。印制电路板的应用，提高了产品的一致性、重现性，易于实现机械化、自动化，提高生产效率，保证生产质量，降低生产成本，方便维护修理。采用 PCB 技术制板，使得电子产品设计、装配向标准化、规模化、机械化、自动化方向发展，使得产品或设备体积小、成本低、可靠性高、性能稳定、装配方便、维修简单。高密度、高精度、高可靠性是电子技术的发展方向。

2.4 检查与评定

1）绘制一张具有正、反转控制的电气原理图

2）绘制一张单相桥式整流稳压电路的电路原理图

检查评定表见表 2-1、表 2-2。

表 2-1 绘制具有正、反转控制的电气原理图检查评定表

序号	完成情况(10-9-7-5-0 分)	评估		
		学生	组长	老师
1	绘制原理图			
2	存档			
3	总分			

表 2-2 绘制单相桥式整流稳压电路的电路原理图检查评定表

序号	完成情况(10-9-7-5-0 分)	评估		
		学生	组长	老师
1	绘制原理图			
2	存档			
3	总分			

练习 2

① 电气制图中电气图的国家标准有哪些?

② 电气制图国家标准的使用规则有哪些?

③ 电气简图的布局要求是什么?

④ 图形符号和连接线的要求是什么?

⑤ 简述电子技术图绘制的一般规定。

电子线路板焊接与组装

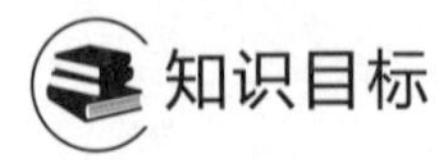

电子线路板的用途。
电子线路板的焊接与组装要求。
电子线路板的焊接与组装质量标准。
手工焊接的基本操作步骤。
电子线路板手工焊接技术要求。

电子线路板焊接与组装标准要求。
电子线路板焊接与组装的操作技能。
电子线路组装调试基本技能。
使用工具进行电子线路板焊接与组装。
电子线路板焊接、组装与调试。

3.1 任务导入

了解电子线路板焊接与组装要求，掌握电子线路板焊接、组装与调试技能，使用工具进行电子线路板焊接与组装，能熟练完成电子线路板焊接、组装与调试。

3.2 相关知识

3.2.1 电子线路板焊接与组装质量要求

电子线路板的焊接与组装要求焊接质量可靠，组装分布合理。电子线路板的焊接与组装对于电子产品的性能指标有很大影响，在电子线路板的设计、研制、安装、使用、维护和修理中具有重要的意义。

电子线路板焊接质量主要体现在焊点的质量上，要求电气接触良好、机械结合牢固、外观美观三个方面。

电子线路板焊点的质量要求具体如下：

① 元器件在电路板上焊接时，要求在有电路的焊接面上出现焊角，双面电路板则两面都要有焊角出现。

② 焊点上应该没有可见的焊剂残渣。

③ 焊点和焊盘大小合适，没有拉尖、夹杂和裂纹现象。

④ 焊点外观光滑、无针孔，避免假焊、漏焊和虚焊现象。

⑤ 焊点应具有强度高、导电性好、抗腐蚀能力强等特点，不会造成内部腐蚀和脱焊现象。

电子线路板焊接的质量标准是设计、生产和检验产品质量的重要依据。电子线路板焊接的质量标准如下：

① 电子线路板焊接前，应对元器件、组件进行挑选，检查电子线路板、电子元器件、电气组件等的外观、物理性能、电气性能以及可焊性能等方面的质量。有条件的可进行老化筛选剔除不良器件，以确保产品质量。

② 按照相关的安装技术要求进行元器件、电气组件的安装。

③ 按照各相关焊接工艺设置要求进行元器件、电气组件的焊接。

④ 焊点的质量应符合相关标准的规定和设计文件、工艺文件要求。

⑤ 集成电路芯片、晶体管器件的焊接必须采用防静电措施，以防元器件损坏。

电子线路板安装的质量直接影响电子产品的电路性能和安全性能，要求如下：

① 电子线路板布线合理，走线均匀，具有良好的抗干扰措施。

② 电子线路板安装整齐，疏密适当，连接可靠。

③ 元器件引线形状规整、表面清洁，焊点浸锡光滑，散热装置摆放合理。

④ 焊点、焊盘、接点光洁美观，具有足够的机械强度。

⑤ 元器件、部件和接插件无磨损、无损坏，导线和绝缘层无灼伤。

⑥ 电子线路装接方便、合理快捷，具有良好的电气性能。

3.2.2 电子线路板手工焊接的技术要求

电子线路板手工焊接是电子产品装配的一项基本操作，适用于小批量、一般结构电子设备产品的制造、装配、调试，以及有特殊要求的产品、不便于自动化机器焊接的场合、调试维修过程中修复焊点和更换元器件等。要求掌握手工焊接工具的使用和基本的焊接操作。

(1) 手工焊接工具

手工焊接工具主要是电烙铁。电烙铁是用来加热焊料和被焊金属，使熔融焊料润湿被焊金属表面并且形成合金层。电烙铁类型有两种，通常用的电烙铁分为外热式和内热式。

外热式电烙铁由烙铁头、烙铁芯、外壳、木制手柄、电源线及插头等部分组成，如图 3-1 所示。内热式电烙铁由烙铁头、烙铁芯、外壳、手柄、连接杆、电源线及插头等部分组成，如图 3-2 所示。

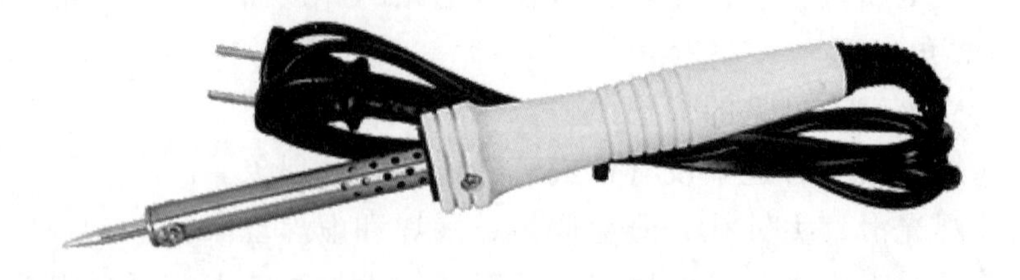

图 3-1 外热式电烙铁

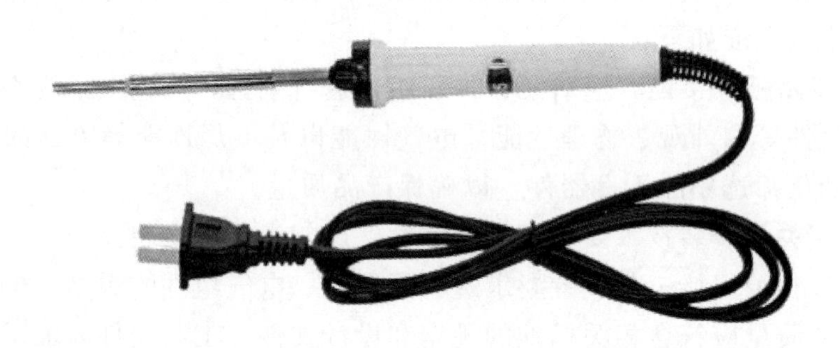

图 3-2 内热式电烙铁

（2）手工焊接技术要求

电子线路板手工焊接质量与焊接材料、焊接工具、焊接方法和焊接技能都有关系。选择合适的工具，进行实际的焊接训练，遵循基本的原则，运用正确的方法，熟练掌握焊接操作的基本技能，是保证焊接质量的重要途径。

手工焊接的基本方法有三种，即反握法、正握法和握笔法，如图 3-3 所示。

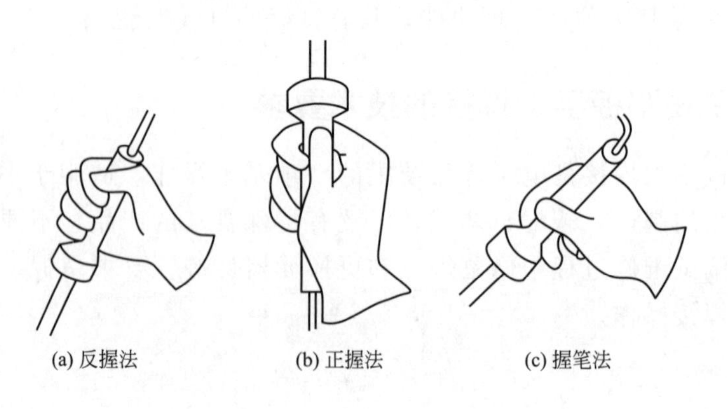

图 3-3 手工焊接的基本方法

根据电烙铁的功率大小、被焊件的形状及焊接要求的不同选择焊接的基本方法。反握法焊接动作稳定，长时间工作不易疲劳，适用于大功率的电烙铁操作；正握法适用于中功率的电烙铁或者进行弯烙铁头的操作，或用于直烙铁头机器机架上的焊接操作；握笔法适用于小功率的电烙铁或在现场焊接的操作。使用电烙铁焊接时要配置烙铁架，焊接后电烙铁要插入烙铁架，以防烙铁头烫伤人体或导线造成伤害、漏电等事故。

3.3 任务实施

3.3.1 电子线路板焊接训练的要求

焊接时应防止相邻元器件、电路板等受到过热的影响，对热敏元件、晶体管元件等采取必要的散热措施。焊接工艺要求包括焊接材料、焊接工具和设备、焊接操作和焊接面清洗方面的要求。

焊接材料有焊料、焊剂和清洗剂。焊料通常采用 Sn60 或 Sn63 焊料。焊剂通常采用松香焊剂或水溶性焊剂。清洗剂通常采用无水乙醇、三氯三氟乙烷等，保证电路板无腐蚀、无污染。

焊接工具是电烙铁，焊接设备有波峰焊机和回流焊机。电烙铁经济实惠，使用方便。使用时要合理选用电烙铁，其功率和种类是重要的技术参数。一般使用低压温控电烙铁，烙铁头可以采用紫铜、镀镍、镀铁等材料制成的，具体根据焊接工艺需要进行选择。

焊接操作包括手工操作、波峰焊机操作和回流焊机操作。

3.3.2 手工焊接操作要求

（1）手工焊接操作的要点

① 操作前检查绝缘材料情况不出现烧焦、变形、裂纹等现象，焊接时不允许烫伤或损坏元器件。

② 焊接温度通常控制在 260℃左右，过高或过低会影响焊接质量。

③ 焊接时间通常控制在 3s 以内；集成电路器件的焊接过程不应超过 2s；大热容量焊件的焊接过程不应超过 5s。如果在规定的时间内未焊接好，应等焊点冷却后进行重焊。

④ 焊接要可靠牢固。在焊料凝固前，被焊部位必须固定可靠，不允许摆动或抖动。焊点需要自然冷却，必要时可采用风冷等散热措施进行冷却。

⑤ 焊接面的清洗。在焊接完成后，必须及时对焊接面板进行彻底清洗，以便清除残留的焊剂、灰尘、油污等污物，确保电子线路板的焊接质量。

⑥ 焊接质量检查，包括焊点外观检查、通电检查、例行检查和焊点金相结构检验。

(2) 手工焊接基本操作步骤

手工焊接有三步法和五步法。要求掌握好电烙铁的加温温度和焊接时间。选择正确的焊接方法和烙铁头，按照正确的焊接步骤进行焊接，才能保证焊接焊点的质量。手工焊接五步法步骤如下。

① 准备焊接　准备焊接前的各项工作，备好电烙铁、被焊件、焊锡丝，给电烙铁加热通电，并且保证烙铁头头部清洁、无氧化层。摆好线路板的焊接面，左手拿焊锡丝，右手握住电烙铁。

② 加热焊件　将烙铁头接触焊接点，使焊接部位均匀受热。焊接电路板时元器件的引脚、引线和焊盘都要均匀受热，并且要求两个被焊接部位同时加热。焊接热容量小的焊件，用烙铁头的侧面或边缘面焊接焊件。焊接热容量大的焊件，用烙铁头的扁平面焊接焊件。

③ 融化焊料　预计焊件加热到能融化焊料的温度后，将焊锡丝放置在焊点部位，使焊料融化并且润湿充填焊点。

④ 移开焊锡丝　当融化一定量的焊锡丝后，将焊锡丝向上倾斜30°～45°方向移开，以免焊锡充填过量。

⑤ 移开电烙铁　当焊锡完全润湿充填焊点，扩散范围达到要求后，上倾45°方向移开电烙铁。一般焊点的焊接操作时间不宜过长，控制在2～3s左右为好。电烙铁的烙铁头主要作用是加热被焊件和融化焊锡。把握烙铁头移开时的方向角度，可以控制焊料量和带走多余的焊料。上倾45°方向移开烙铁头，可以使焊点圆滑。垂直方向移开电烙铁的烙铁头，可使焊点拉尖，并且烙铁头能带走少量的焊锡。水平方向移开烙铁头，会使焊点不满，带走大量的焊锡。为保证焊点的焊接质量，应掌握烙铁头的移开方向，控制焊料量，使焊点的焊料量符合要求。

(3) 手工焊接工艺要求

手工焊接的基本条件是焊件具有可焊性、焊锡丝合适、焊剂合适、焊件表面清洁。手工焊接的要点是适当的加热时间、适当的加热温度、焊接时避免用烙铁头对焊点施力。

(4) 手工焊接工艺要求

① 焊接时要求控制焊接的时间。焊接加热时间长的影响有：对电子产品不利；引起焊点结合层过厚，影响焊点性能；电路板和塑料件变形或变质；对电子元器件性能和质量有影响；对焊点表面有影响，焊剂挥发，失去保护作用。因此，在保证焊料润湿焊件的前提下，焊接的加热时间越短越好。

② 焊接要有适当的加热温度。焊接加热温度一般情况下是烙铁头的温度要比焊锡丝的温度高出50℃为合适。如果采用高温烙铁焊接小焊点，焊锡丝中的焊剂可能没有足够的时间在被焊面上流动而挥发失效；焊接温度过高，焊锡丝融化速度过快影响焊剂作用的发挥，可能造成元器件和电路板的铜箔过热损坏而质量受损；焊接温度过低，焊锡丝不能充分融化，影响焊剂的作用，会造成

虚焊、假焊。

焊接时避免用烙铁头对焊点施力。烙铁头将热量传递给焊点和焊件，主要是靠接触面进行传热，用烙铁头对焊点加力的方法不能传递热量，还会造成元器件和焊件的损伤。

(5) 手工焊接操作注意事项

① 焊件表面要进行处理。一般情况下，操作前要对焊件进行表面处理，除去元器件表面、焊件表面、焊接面上的氧化层、锈迹、油污、灰尘等杂质；通常采用细砂布研磨和酒精、丙酮擦洗等方法进行表面处理。

② 焊接时进行预焊。将要焊接的元器件引脚、导线、焊盘、焊件等焊接部分预先进行镀锡或搪锡，用焊锡丝润湿需要焊接部分，检验焊件、元器件引脚、导线、焊盘的表面处理情况，防止继续氧化产生不良效果。

③ 保持烙铁头的清洁。适当控制烙铁头的温度，通常情况下，烙铁头的温度控制在使得焊剂融化较快但又不冒烟的温度即可。烙铁头温度过低，焊锡丝不易融化，影响焊接质量。烙铁头温度过高，焊锡丝中的焊剂挥发，产生烟气使烙铁头变黑，烙铁头表面很容易形成黑色杂质层，使烙铁头失去加热作用。

④ 焊剂和焊锡丝使用要适当。焊剂使用不能过量，过量的焊剂会造成焊接处的焊盘、焊点不清洁，可能造成触点的接触不良，延长焊接时间，降低工作效率。如果焊锡丝本身带有一定的焊剂，焊接时不需要使用其他焊剂。焊接时焊锡丝使用要适当。焊锡丝使用不足，会造成焊点的机械强度降低，容易引起焊点脱落。焊锡丝使用过量，会造成焊点过大，影响外观，并且多余的焊锡容易引起短路或其他故障。

3.4 检查与评定

1) 手工焊接导线

2) 手工焊接电路板

检查评定表和评分表见表 3-1～表 3-3。

表 3-1 手工焊接导线检查评定表

序号	完成情况(10-9-7-5-0 分)	评估		
		学生	组长	老师
1	手工焊接导线 4 点			
2	存档			
3	总分			

表 3-2 手工焊接电路板检查评定表

序号	完成情况(10-9-7-5-0 分)	评估		
		学生	组长	老师
1	手工焊接电路板 2 块			
2	存档			
3	总分			

表 3-3 手工焊接导线和电路板评分表（22 分）

评分标准		配分	扣分
按图焊接	1. 电路板连线布局不合理，扣 1~3 分	3	
	2. 导线焊点粗糙、有尖，扣 1~3 分	3	
	3. 元件虚焊、漏焊，扣 1~3 分	3	
	4. 引线长、乱，板不净，扣 1~3 分	3	
	5. 元件标符不正，高度不齐，扣 1~3 分	3	
	6. 使用工具、仪表不当，扣 1~4 分	4	
	7. 每损坏元件 1 只，扣 3 分，直到扣完本题分	3	

练习 3

① 电子线路板的焊接与组装要求有哪些?

② 电子线路板的焊接与组装质量标准有哪些?

③ 电子线路板安装的要求是什么?

④ 手工焊接的基本操作步骤有哪些?

电子电路器件的识读、安装及调试

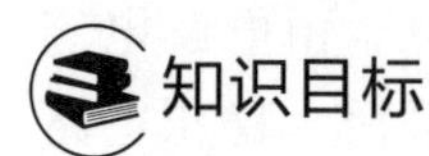

电子电路器件结构与工作原理。

直流稳压电源电路安装要求。

二级分压式偏置放大电路安装要求。

电子器件组成的电路调试方法。

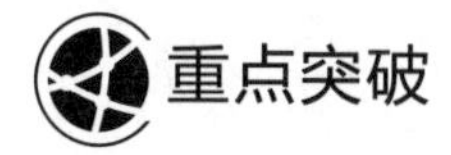

电路的安装。

分立和集成电子元器件识读和性能判断。

对所选择的电子元件质量好坏的检测。

电子电路安装的检测。

通电前的调试。

通电调试和参数检测。

4.1 任务导入

设计直流稳压电路，了解二极管的结构组成，电容器、发光二极管、三端集成功率放大器等的功能与应用；根据原理图，设计出元件布置图；对所选择的电子元件质量好坏进行检测、区分及极性的判别；组装结束对整个设备进行调试。设计两级共射放大电路，了解三极管的结构组成，电容器、电阻器的功能与应用；根据原理图，设计出元件布置图；对所选择的电子元件质量好坏进行检测、区分及极性的判别；组装结束对整个设备进行调试。

通电前的检查，根据原理图，重点检查二极管、三极管、电阻器、电容器、发光二极管、三端集成功率放大器等引脚是否连接正确。用万用表测量电路有无短路现象。

4.2 相关知识

4.2.1 直流稳压电源电路的组成

直流稳压电源电路由变压电路、整流电路、滤波电路、稳压电路和显示电路组成。变压电路主要元件是整流变压器，作用是将输入的交流电压值降低。由四个整流二极管组成单相桥式整流电路，作用是将交流电变成脉动的直流电。由电解电容器组成电容滤波电路，作用是使脉动直流电变化幅度更小，波形更平滑。稳压电路由三端集成功率放大器和电容组成，作用是消除电网电压、负载变化对输出电压的影响，稳定输出电压。显示电路由发光二极管和限流电阻组成，作用是显示电路状态。如图 4-1 所示是可调直流稳压电源电路。

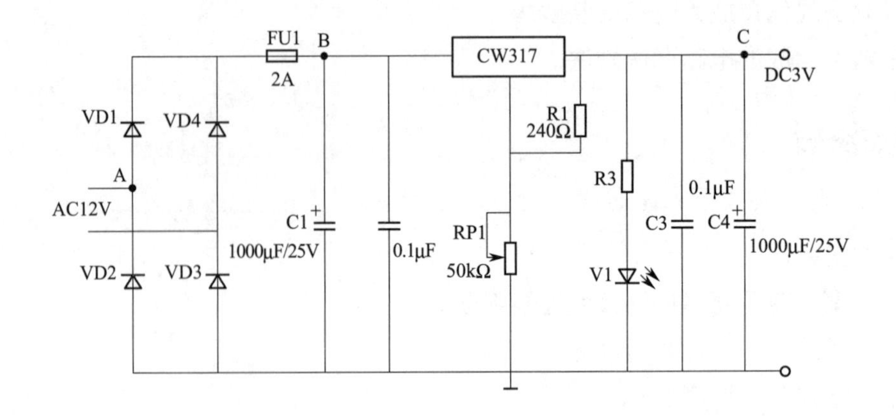

图 4-1 可调直流稳压电源电路

4.2.2 二极管

(1) 二极管的结构

在一个 PN 结的 P 区和 N 区各接出一条引线，封装在管壳内，就制成一只二极管，代号为 VD。二极管正向电阻小，反向电阻大。二极管具有单向导电性，加正向电压导通，加反向电压截止。如图 4-2 所示。

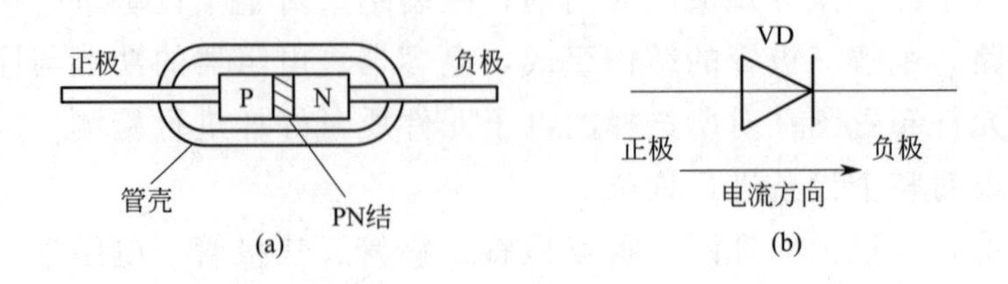

图 4-2 二极管的结构 (a) 及符号 (b)

（2）二极管伏安特性

正向特性：二极管承受很小的正向电压时，二极管并不能导通，这段区域称为死区，当正向电压上升到大于死区电压时，二极管开始导通，其正向压降很小，一般硅管约 0.7V，锗管 0.2～0.3V。反向特性：当二极管承受反向电压时，二极管中只有很小的反向电流。当反向电压增大到超过某个值时，反向电流急剧加大，二极管被击穿，可能被损坏。一般二极管不允许工作在这个区域。

（3）二极管主要技术参数

1）最大整流电流（I_F） 二极管在正常连续工作时能通过的最大正向电流值。超过最大电流二极管会发热而烧毁。

2）最高反向工作电压（V_R） 二极管正常工作时所能承受的最高反向电压值。它是击穿电压值的一半。使用时，外加反向电压不得超过此值。

（4）二极管主要功能

1）整流 整流二极管利用 PN 结的单向导电特性，把交流电变成脉动直流电。

2）检波 检波二极管将调频信号中的下半部分去掉，留下信号上半部分的高频载波信号。

3）稳压 二极管工作在反向状态，当有一适当的电流通过时，其两端就会产生一个稳定的电压。应用：浪涌保护电路、电视机的过压保护电路、电弧抑制电路、串联型稳压电路。

4）开关 利用二极管的单向导电性，当二极管正向偏压时处于导通状态，反向偏压时处于截止状态，实现开关作用。应用：自控电路、通信电路、仪器仪表电路、家用电器电路等。

5）发光二极管 简称 LED，其内部结构为一个 PN 结，具有单向导电性。应用：照明、指示灯等。LED 发光二极管的压降一般为 1.5～2.0V，其工作电流一般取 10～20mA 为宜。

6）光敏二极管 具有光敏特征的 PN 结，无光照时和普通的二极管一样；当受到光照时饱和反向漏电流大大增加，形成光电流 。

4.2.3 电容器

（1）电容器结构及其分类

电容器能容纳电荷，用字母 C 表示。电容器结构及符号如图 4-3 所示。

（2）电容器伏安特性

只有电容上的电压变化时，电容两端才有电流。在直流电路中，电容上电压不变，$i=0$，相当于开路，因此电容具有“隔直”作用。

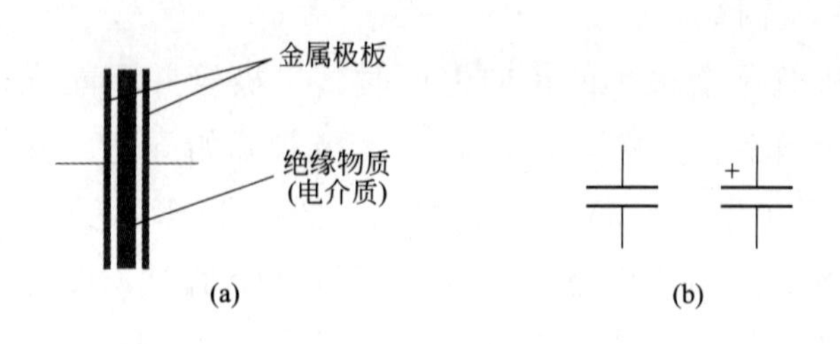

图 4-3 电容器结构（a）及符号（b）

（3）电容器分类

按照结构分类：固定电容器、可变电容器和微调电容器。

按介质材料分类：有机介质电容器、无机介质电容器、电解电容器和空气介质电容器等。

按极性分类：有极性电容器、无极性电容器。

按用途分类：高频旁路电容器、低频旁路电容器、滤波电容器、调谐电容器、高频耦合电容器、低频耦合电容器等。

（4）电容器技术参数

1）电容　电容是反映电容器储存电荷本领大小的物理量，单位：法拉（F）。

电容器标注方法有直接标注法和数码标注法。

直接标注法：例如 0.01μF，0.047μF，3300pF，560pF。

数码标注法：用三位数码表示，前两位数码为电容的有效数字，第三位表示乘以 10 的多少次方，基本单位为 pF。第三位是 9 时表示 $\times 10^{-1}$pF。举例如下。

301 表示 30×10^{1}pF＝300pF。

303 表示 30×10^{3}pF＝0.03μF。

304 表示 30×10^{4}pF＝0.3μF。

333 表示 33×10^{3}pF＝0.033μF。

339 表示 33×10^{-1}pF＝3.3pF。

2）允许偏差　普通电容：±5%（J）、±10%（K）、±20%（M）；精密电容：±2%（G）、±1%（F）、±0.5%（D）、±0.25%（C）、±0.1%（B）、±0.05%（W）。

3）额定工作电压　电容器接入电路后，不被击穿所能承受的最大直流电压。

（5）电容器主要功能

电容器具有移相，充、放电，滤波，旁路去耦，电容耦合等功能。

1）滤波　主要作用是减少直流电压的交流分量。

2）旁路去耦　电容接在信号端与地之间，旁路是滤除输入信号中的干扰，而去耦是滤除输出信号中的干扰。

3）电容耦合　利用“隔直通交”作用将交流信号从前一级传到下一级。

4.2.4　三端集成稳压器

三端集成稳压器组成稳压电源所需的外围元件少，电路内部还有过流、过热及调整管的保护电路，使用起来可靠 、方便，而且价格便宜。常见的三端稳压集成电路有正电压输出的 78××系列和负电压输出的 79××系列。图 4-4 是三端固定集成稳压器引脚排列。

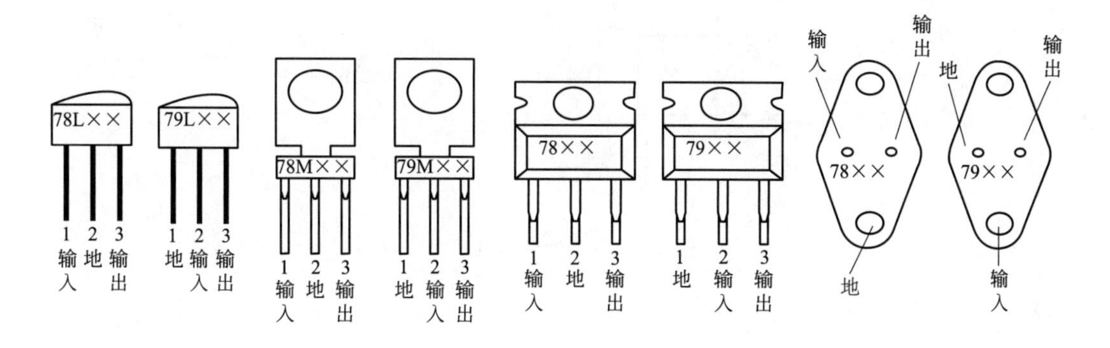

图 4-4　三端固定集成稳压器引脚排列

三端固定式集成稳压器有 CW78××系列和 CW79××系列，符号如图 4-5 所示。图中电容 C1 用作滤波以减少输入电压中的交流分量，还有抑制输入过电压作用。C2 用于削弱高频干扰，同时防止自激振荡。

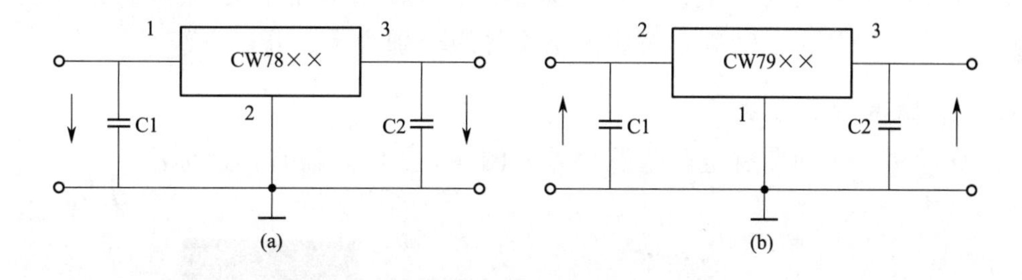

图 4-5　三端固定集成稳压器符号

CW78××系列集成稳压器是固定正电压集成稳压器。引脚排列如图 4-5(a) 所示，1 脚为输入端（电压输入 U_i），2 脚为公共端（公共接地 ADJ），3 脚为输出端（电压输出 U_o）。

CW79××系列集成稳压器是固定负电压集成稳压器。引脚排列如图 4-5(b) 所示，3 脚为输入端（电压输入 U_i），1 脚为公共端（公共接地 ADJ），2 脚为输出端（电压输出 U_o）。

型号 CW78（79）X××意义是：C 表示符合国家标准；W 表示稳压器；78 表示输出为固定正电压，79 表示输出为固定负电压；X 表示输出电流，L 为 0.1A，M 为 0.5A，无字母为 1.5A；××用数字表示输出电压值。如 CW7812 表示稳压输出+12V 电压，输出电流为 1.5A。

4.2.5 电阻器

电阻器在电路中通常用来控制调节电压和电流（限流、分流、分压），是消耗电能元件。图 4-6 为电阻器外形及符号。

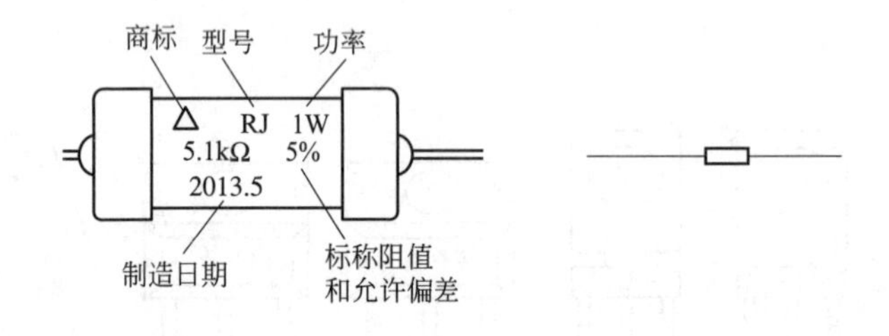

图 4-6 电阻器外形及符号

（1）电阻器技术参数

1）电阻值　表征电阻大小，单位是欧姆，用“Ω”表示，常用单位还有千欧（kΩ）和兆欧（MΩ）。

2）额定功率　在一定条件下，电阻器能长期连续负荷而不改变性能的允许功率，单位是瓦（W）。常见有：1/8W，1/4W，1/2W，1W，2W。额定功率决定电阻器能承受的电压大小。

3）误差　电阻的实际阻值与标称阻值之间的差值。常用电阻器的允许误差分别为±5%、±10%、±20%，对应的精度等级分别为Ⅰ、Ⅱ、Ⅲ级。

（2）电阻器标注方法

1）直标法　表面印有电阻值及误差，图 4-7 是电阻器直标法标注。

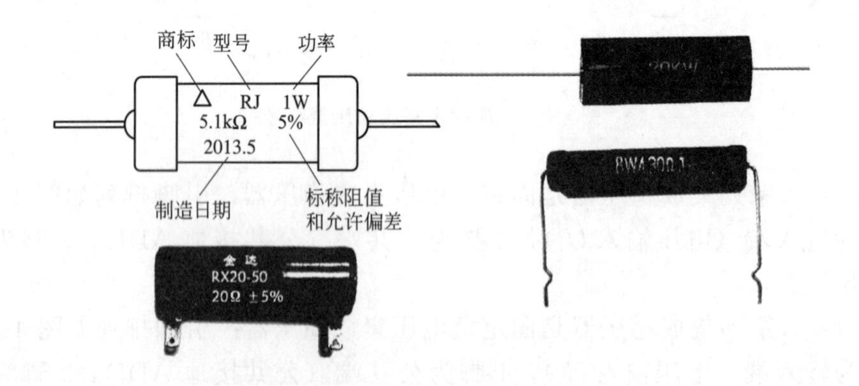

图 4-7 电阻器直标法标注

2）文字符号法　表面印有电阻值的文字符号，图 4-8 为电阻器文字符号法标注。

3）色环标注法　四色环电阻的第一、二条色环表示第一、二位有效数字；第

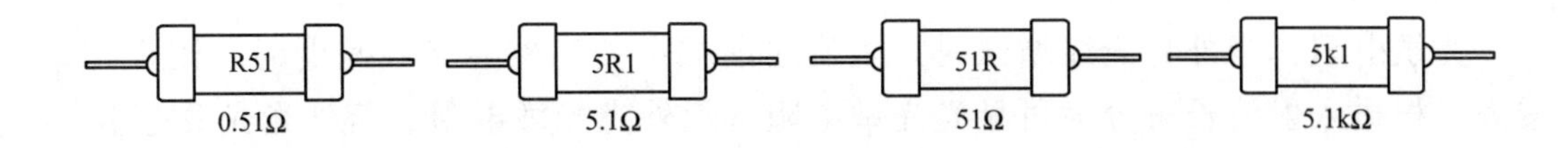

图 4-8 电阻器文字符号法标注

三条色环的颜色表示乘以 10 的多少次方；第四条色环的颜色表示允许误差。五色环电阻为精密电阻器。其第一、二、三条色环代表示第一、二、三位有效数字，第四条表示乘以 10 的多少次方，第五条表示允许误差。图 4-9 是色环电阻标注。

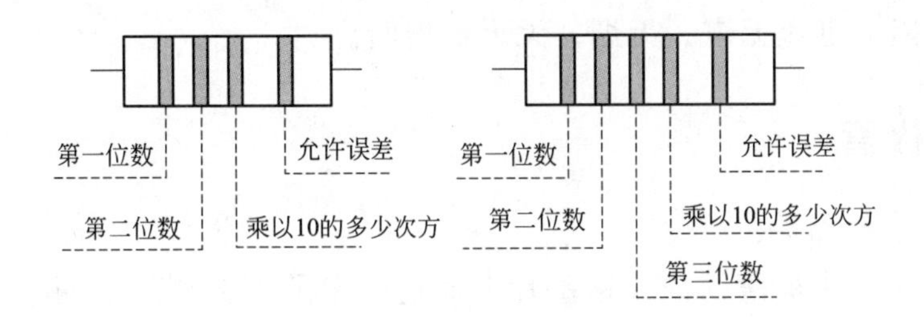

图 4-9 色环电阻标注

四色环电阻色环含义见表 4-1。

表 4-1 四色环电阻色环含义

颜色	第一色环	第二色环	第三色环	第四色环(允许误差)
黑	0	0	$\times 10^0$	—
棕	1	1	$\times 10^1$	± 1%
红	2	2	$\times 10^2$	± 2%
橙	3	3	$\times 10^3$	—
黄	4	4	$\times 10^4$	—
绿	5	5	$\times 10^5$	± 0.5%
蓝	6	6	$\times 10^6$	± 0.2%
紫	7	7	$\times 10^7$	± 0.1%
灰	8	8	$\times 10^8$	—
白	9	9	$\times 10^9$	- 50% ~ 20%
金	—	—	$\times 10^{-1}$	± 5%
银	—	—	$\times 10^{-2}$	± 10%
本色(或称无色)	—	—	—	± 20%

(3) 特殊功能电阻器

热敏电阻：电阻值随温度变化而变化的敏感元件。电阻值随温度上升而增加的是正温度系数（PTC）热敏电阻器；电阻值随温度上升而减小的是负温度系数

(NTC) 热敏电阻器。

光敏电阻：当外界光线增强时，阻值逐渐减小；当外界光线减弱时，阻值逐渐增大。根据入射波长可分为可见光光敏电阻、红外光光敏电阻、紫外光光敏电阻。

压敏电阻：外界电压增大时，阻值减小。可用于开关电路、过压保护、消噪电路、灭火花电路和吸收回路。

湿敏电阻：一种对湿度敏感的元件，其阻值随着环境的相对湿度变化而变化。

力敏电阻：能将机械力转换为电信号的特殊元件。

磁敏电阻：根据半导体的磁阻效应制成的电阻器。

熔断电阻：集电阻器与熔断器于一身，流过熔断电阻器的电流大于它的熔断电流时，熔断电阻器迅速无声、无烟、无火地熔断。

4.2.6 三极管

(1) 三极管的结构

三极管是在一块极薄的硅或锗基片上通过一定的工艺制作出两个 PN 结，组成三层半导体结构，从三层半导体各引出一根引线作为三极管的三个极，再封装在管壳里。三个电极分别叫做发射极 E、基极 B、集电极 C，与之对应的每层半导体分别称为发射区、基区、集电区。发射区与基区之间的 PN 结为发射结，集电区和基区之间的 PN 结为集电结。基区是 P 型半导体的称为 NPN 型三极管，基区是 N 型半导体的称为 PNP 型三极管。如图 4-10 所示是三极管的结构与符号。

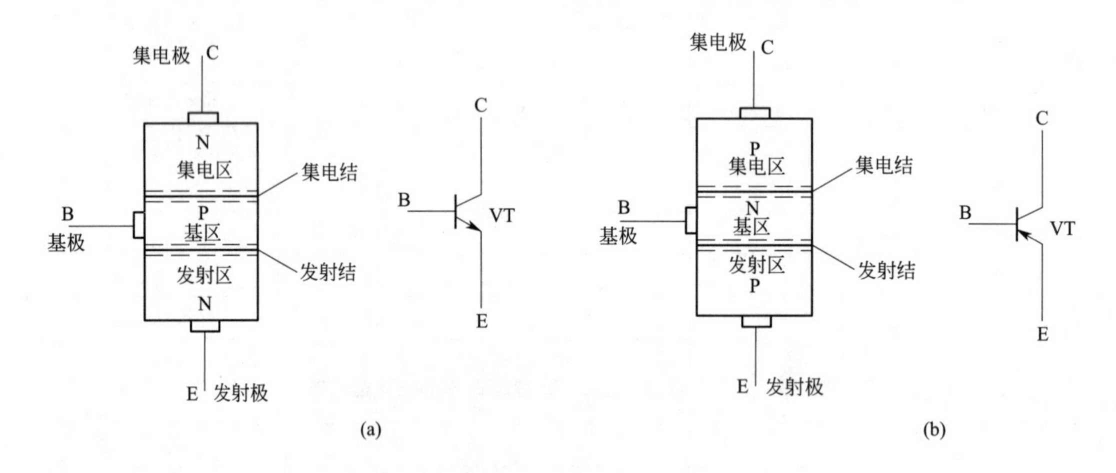

图 4-10 三极管的结构与符号

(2) 三极管的功能

三极管具有电流放大作用，当给三极管的发射结加正向电压，集电结加反向电压时，三极管具有电流放大作用。三极管电流放大电路形式如图 4-11 所示。

1) 静态电流放大作用　集电极电流一般是基极电流的 30～100 倍，这个倍数称为静态电流放大系数。

2）动态电流放大作用　动态电流放大系数与静态电流放大系数近似相等，一般取为一致。

（3）三极管技术参数

三极管技术参数表示其性能优劣和适用范围，是合理选择和正确使用的依据。

1）共发射极电流放大系数 β　β 表示三极管的电流放大能力。不同型号的三极管 β 不同，范围在 20～200 之间，可根据需要选用。

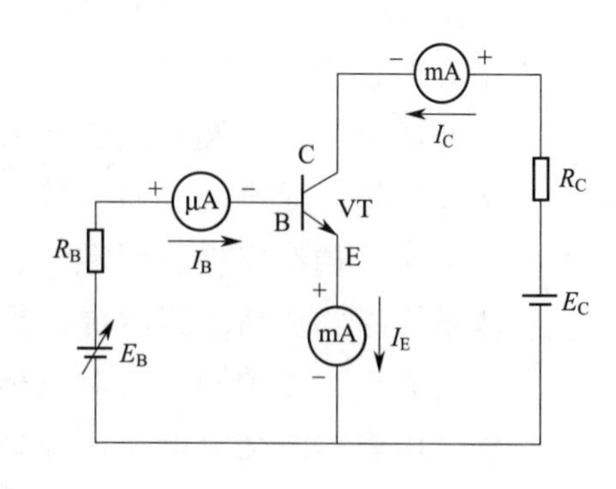

图 4-11　三极管电流放大电路形式

2）集电极-发射极反向饱和电流 I_{CEO}　也叫穿透电流，是指基极开路时集电极和发射极间加规定反向电压时的反向电流。该电流越小，三极管温度稳定性越好。

3）极限参数

① 集电极最大允许电流 I_{CM}　集电极电流过大时三极管的 β 会下降，一般规定当 β 下降到额定值 2/3 时的集电极电流称为集电极最大允许电流 I_{CM}。

② 集电极-发射极反向击穿电压 $U_{(BR)CEO}$　指在基极开路的情况下加在集电极和发射极之间的最大允许工作电压。

③ 集电极最大允许耗散功率 P_{CM}

4.2.7　万用表的使用

万用表主要由磁电系直流微安表头、测量线路和转换开关三部分组成。它可以测量直流电流、直流电压、交流电压、交流电流、电阻和晶体管放大倍数等电气参数。图 4-12 是 MF47F 型万用表。

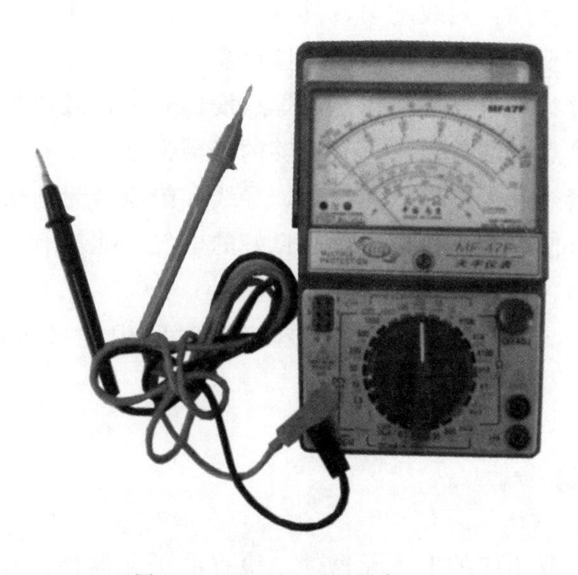

图 4-12　MF47F 型万用表

万用表使用的基本要求是能够正确地选择挡位，能够准确地读出数据。

用万用表检测电阻步骤如下。

选择挡位：把转换开关放在Ω挡位，选择适当的量程。

调零操作：先将两表棒短接，用欧姆调零的旋钮将指针调整在电阻标尺的零位上，每更换一挡都应重新调零。

测量线路：切断线路电源，拆开负载的连线，测量负载的电阻。

读出数据：在被测量的对应标尺上读数，读数时应使视线、表针刻度线重叠。

用万用表检测交流电压步骤如下。

选择挡位：把转换开关放在ACV挡位，选择适当的量程，测量380V电压选500V量程。如果不知道被测量电阻的大致数值，可选择最大量程，测量一次后调到合适的量程。

读出数据。

用万用表检测直流电压步骤如下。

选择挡位：把转换开关放在DCV挡位，选择适当的量程。

确定极性：清楚负载的极性，红表棒通常接负载或被测电路的正极，黑表棒通常接负载或被测电路的负极；如果不清楚被测量电压的方向，可选择最大量程，用两表棒快速地碰一下被测点，看表针的指向，以确定负载的极性。

读出数据。

测量结束后，把转换开关放在OFF挡位上，或选择交流电压最大的量程上，以免损耗电池，还可防止下次使用时忘记换挡而损坏仪表。

4.2.8 稳压电路的安装要求

电子线路板布线合理，走线均匀，具有良好的抗干扰能力。

电子线路板安装整齐，疏密适当，连接可靠。

元器件的引线形状规整、表面清洁，焊点浸锡光滑，散热装置摆放合理。

焊点、焊盘、接点光洁美观，具有足够的机械强度。

元件、部件和接插件无磨损、无损坏，导线和绝缘层无灼伤。

电子线路装接方便、合理快捷，具有良好的电气性能。

元器件标符正确，高度整齐，排布合理。

熟练使用工具，正确使用仪表，在规定的时间内完成电路板的焊接和安装任务。

4.3 任务实施

按照任务要求领取相应的电子元器件，检查电子元器件的标称值是否符合电路原理图的要求，检查电子元器件的数量以及外观情况。

对元器件、组件进行挑选，检查电子线路板、电子元器件、电气组件等的外观、物理性能、电气性能以及可焊性能，以确保电子电路板的焊接质量。

进行焊接前的检查和需要的处理。一般情况下，操作前要对焊件进行表面处理，除去元器件表面、焊件表面、焊接面上的氧化层、锈迹、油污、灰尘等杂质。通常采用细砂布研磨和酒精、丙酮擦洗等方法进行表面处理。

进行焊接前的元器件引脚处理，根据电子电路板的焊点和焊盘情况，合理设计元器件的引线形状，做到布局合理，安装整齐。

进行预焊。将要焊接的元器件引脚、导线、焊盘、焊件等焊接部分预先进行镀锡或搪锡，防止氧化。

焊接过程中保持烙铁头的清洁。适当控制烙铁头的温度，通常情况下，烙铁头的温度控制在使得焊剂融化较快但又不冒烟时的温度即可。焊剂和焊锡丝使用要适当。

检查电路板的焊接情况，无短路故障则进行通电调试。首先通电测试触发脉冲电压是否为 0.2～0.4V，然后调校移相电路的电位器，测试输出电压 20～190V 之间变化，白炽灯由暗到亮变化。

按照电路原理图进行电路板的焊接。如图 4-13 所示是直流稳压电源电路。

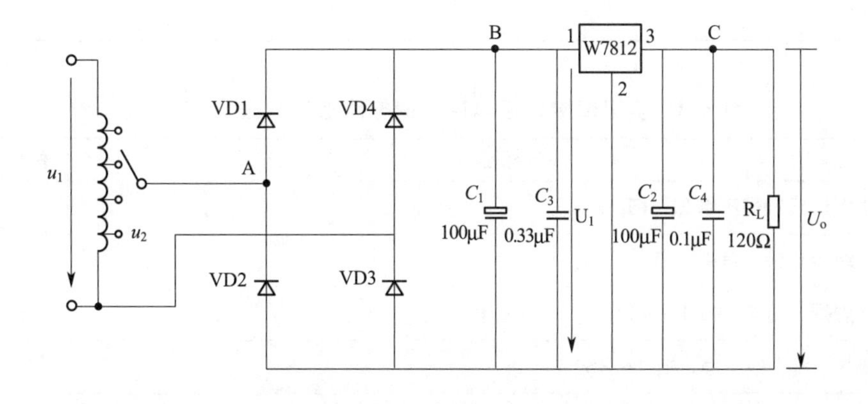

图 4-13　直流稳压电源电路

4.4　检查与评定

1）手工焊接导线　确定导线长短，导线两端去绝缘皮，拨线和捻线，搪锡，焊接，剪线，检查导线焊接。

2）手工焊接电路板　焊接电子元器件，处理电路板的氧化膜，处理电子元器件的引脚氧化膜，处理电子元器件的引脚，焊接电子元器件，检查电子元器件焊点，剪切电子元器件的引脚。焊接效果如图 4-14 所示。

检查评定表和评分表见表 4-2～表 4-4。

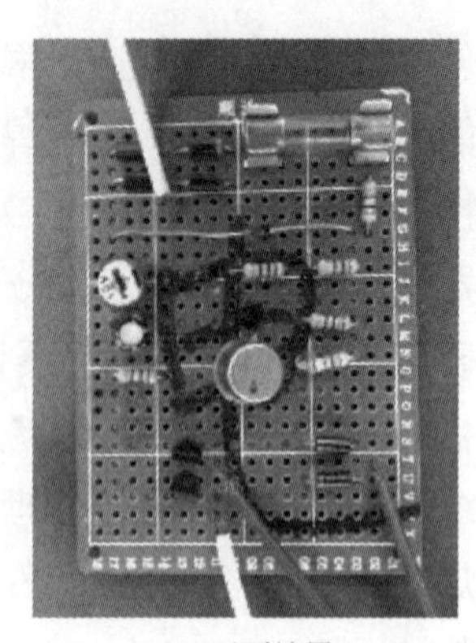

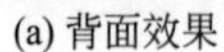
(a) 背面效果　(b) 正面效果

图 4-14　焊接效果

表 4-2　手工焊接电路板检查评定表

<table>
<tr><th rowspan="2">序号</th><th rowspan="2">完成情况(10-9-7-5-0 分)</th><th colspan="3">评估</th></tr>
<tr><th>学生</th><th>组长</th><th>老师</th></tr>
<tr><td>1</td><td>手工焊接电路板 2 块</td><td></td><td></td><td></td></tr>
<tr><td>2</td><td>存档</td><td></td><td></td><td></td></tr>
<tr><td>3</td><td>总分</td><td></td><td></td><td></td></tr>
</table>

表 4-3　手工焊接单相半控调速电路板评分表（22 分）

<table>
<tr><th colspan="2">评分标准</th><th>配分</th><th>扣分</th></tr>
<tr><td rowspan="7">按图焊接</td><td>1. 电路板连线布局不合理，扣 1~3 分</td><td>3</td><td></td></tr>
<tr><td>2. 导线焊点粗糙、有尖，扣 1~3 分</td><td>3</td><td></td></tr>
<tr><td>3. 元件虚焊、漏焊，扣 1~3 分</td><td>3</td><td></td></tr>
<tr><td>4. 引线长、乱，板不净，扣 1~3 分</td><td>3</td><td></td></tr>
<tr><td>5. 元件标符不正，高度不齐，扣 1~3 分</td><td>3</td><td></td></tr>
<tr><td>6. 使用工具、仪表不当，扣 1~4 分</td><td>4</td><td></td></tr>
<tr><td>7. 每损坏元件 1 只，扣 3 分，直到扣完本题分</td><td>3</td><td></td></tr>
</table>

表 4-4　手工安装及调试单相半控调速电路评分表（23 分）

<table>
<tr><td rowspan="5">调试</td><td rowspan="3">1. 首先通电测试直流可调稳压电源电路电压是否为 2~3V，然后观看发光二极管是否发亮；
再用示波器检测交流输入、直流输出的波形情况；
试输出电压是否正常，若第一次不成功扣 6 分，第二次不成功再扣 6 分（以此类推）</td><td rowspan="3">18</td><td>一次</td><td></td></tr>
<tr><td>二次</td><td></td></tr>
<tr><td>三次</td><td></td></tr>
<tr><td>2. 不正确测试各指标，扣 1~5 分</td><td>5</td><td></td><td></td></tr>
<tr><td>3. 不报告通电造成短路或重大事故，调试分全扣</td><td></td><td></td><td></td></tr>
</table>

练习 4

① 电子线路板焊接前的准备工作要求有哪些?
② 电源电路电子线路板焊接质量标准有哪些?
③ 直流稳压电源电路电子线路板安装的要求是什么?
④ 直流稳压电源电路手工焊接的基本操作步骤有哪些?

项目 5 单相全波调光电路的安装与调试

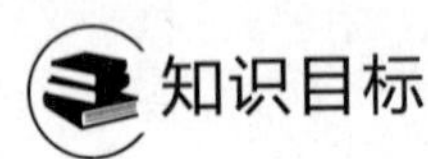

知识目标

单相全波调光电路的功能。

组成单相全波调光电路的器件。

单相全波调光电路的安装要求。

单相全波调光电路调试。

重点突破

电路的安装。

根据原理图画出元件布置图和布线图。

对所选择电子元件质量好坏的检测。

电路的安装调试和极性判别。

通电前的调试。

通电调试和参数检测。

5.1　任务导入

设计单相全波调光电路，了解单相全波调光电路的组成；根据原理图，设计出元件布置图以及线路图；对所选择的电子元件质量好坏进行检测、区分及极性判别，重点是二极管、三极管、稳压管、晶闸管、单结晶体管。组装结束对整个设备进行调试。通电前根据原理图进行详细检查，重点检查二极管、稳压管、三极管、晶闸管、单结晶体管等引脚连接是否正确。用万用表测量电路有无短路现象。通电调试单结晶体管触发电路。首先将主电路的 220V 交流输入电源线断开，用万用表测量稳压管两端电压是否正常。改变电位器的位置，测量三极管的集电极电压是否有改变。

5.2 相关知识

5.2.1 单相全波调光电路的组成

单相全波调光电路由主电路和控制电路组成，主电路由四个整流二极管、一个晶闸管和负载灯泡等组成。整流二极管是单相桥式整流电路的主要元件。晶闸管串联灯泡作为电阻性负载。控制电路由变压电路、桥式整流电路、稳压电路、移相控制电路、触发电路等构成。交流电路由保险器和变压器构成变压电路，主电路中的二极管 VD1～VD4 构成桥式整流电路，晶闸管 VT5 串联灯泡 HL 作为电阻性负载控制。电阻器 R1 和稳压二极管 V8 构成稳压电路。电阻器 R、电位器 RP、电容器 C 构成移相控制电路。电阻器 R2、R3 和单结晶体管 V7、触发二极管 VD6 构成触发电路。如图 5-1 所示。

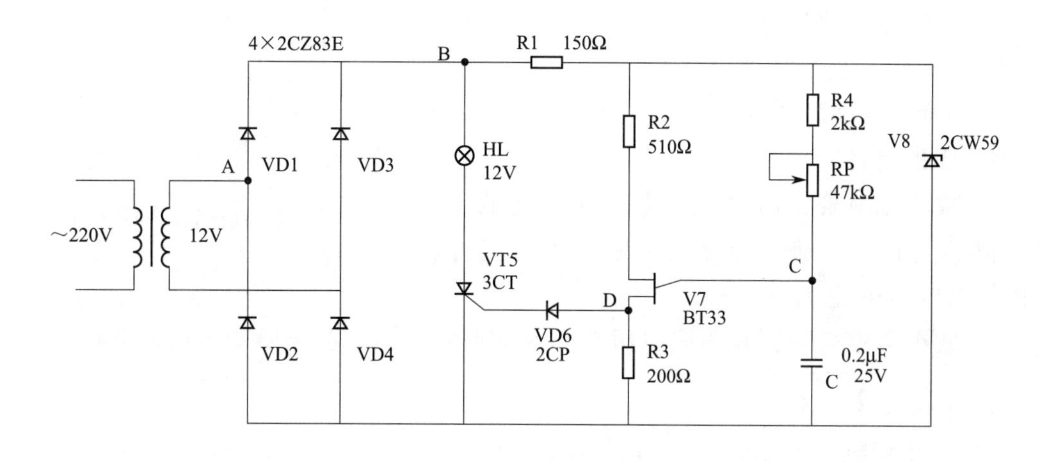

图 5-1　单相全波调光电路

5.2.2 晶闸管

（1）晶闸管结构及功能

晶闸管全称为硅晶体闸流管，旧称可控硅，常用 SCR（silicon controlled rectifier）表示，国际通用名称为 thyristor，常简写成 T。普通晶闸管是一种具有开关作用的大功率半导体器件，它能以较小的电流控制上千安的电流和数千伏的电压。目前，晶闸管的容量水平已达 8kV/6kA。图 5-2 所示是通用晶闸管。

晶闸管管芯由四层（PNPN）半导体和三端引出线（A、G、K）构成。它有两个 PN 结和三个电极：阳极、阴极和控制极（门极），如图 5-3 所示。

（2）晶闸管特性

1）导通特性

图 5-2 通用晶闸管

① 反向阻断特性：阳极、阴极间加反向电压，晶闸管阻断。

② 正向阻断特性：阳极、阴极间加正向电压，控制极不加电压或加反向电压，晶闸管阻断。

③ 正向导通特性：阳极加正向电压，且控制极加正向电压，晶闸管导通。

④ 一旦导通后控制极电压失去作用。

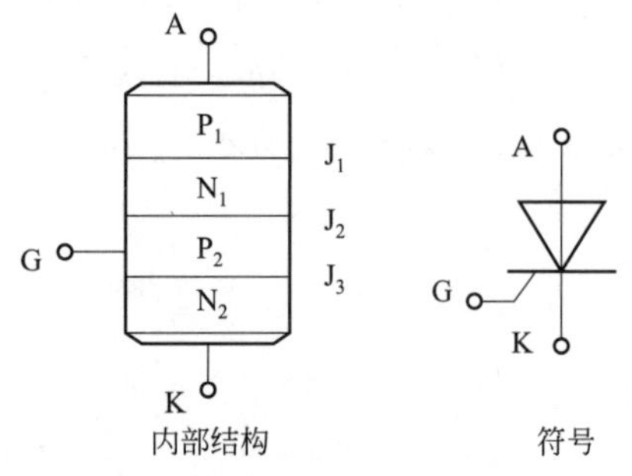

图 5-3 晶闸管结构及符号

2）阻断特性

① 减小晶闸管正向电流，当正向电流减小至某一很小值时，晶闸管会突然关断，该电流称为晶闸管的维持电流 I_H。

② 减小阳极与阴极间正向电压至 0 或加反向电压，晶闸管均为阻断状态。

(3) 晶闸管技术参数

1）电压定额

① 正向断态重复峰值电压 U_{DRM}　在额定结温下，门极断路和晶闸管正常阻断的情况下，允许重复加在晶闸管上的最大正向峰值电压。

② 反向重复峰值电压 U_{RRM}　在额定结温下，门极断路，允许重复加在晶闸管上的反向峰值电压。

③ 通态平均电压 $U_{T(AV)}$　晶闸管正向通过正弦半波额定平均电流、结温稳定时的阳极和阴极间电压的平均值，也叫导通时的管压降，一般为 1V 左右，此值越小越好。

2）电流定额

① 通态平均电流 $I_{T(AV)}$　在规定的环境温度和散热条件下，结温为额定值，允许通过的工频正弦半波电流的平均值。

② 维持电流 I_H　在规定环境温度和门极断开情况下，维持晶闸管导通所需最小阳极电流，一般为几十到几百毫安，是晶闸管由通到断的临界电流，当电流小于维持电流时，晶闸管关断。

（4）双向晶闸管

双向晶闸管外形与图形符号如图 5-4 所示，用文字符号 KS 表示。

工作特点：双向均可由门极控制导通（相当于两只普通晶闸管反向并联）。主要用途：用于电子开关、直流电源、自动化生产监控等。

图 5-4　双向晶闸管外形与图形符号

5.2.3　单结晶体管

单结晶体管是在 N 型硅基片一侧引出两个电极，称为第一基极 B1、第二基极 B2，在 N 型硅基片另一侧靠近 B2 处掺入 P 型杂质，形成一个 PN 结。从 P 型杂质处引出电极，为发射极。如图 5-5 所示。

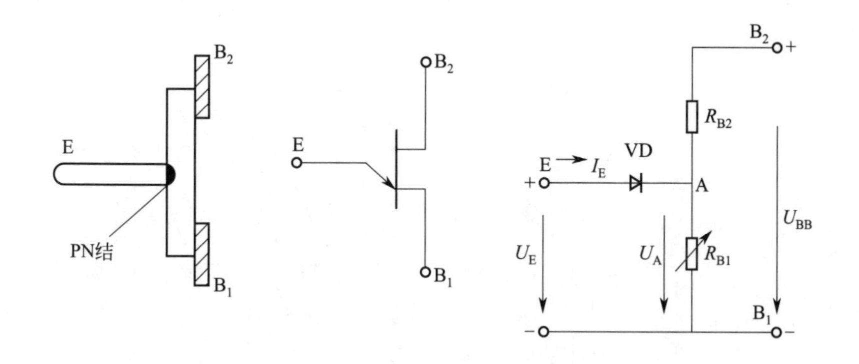

图 5-5　单结晶体管的结构、符号及其等效电路

单结晶体管特性与检测等效电路如图 5-6 所示。单结晶体管特性如下。

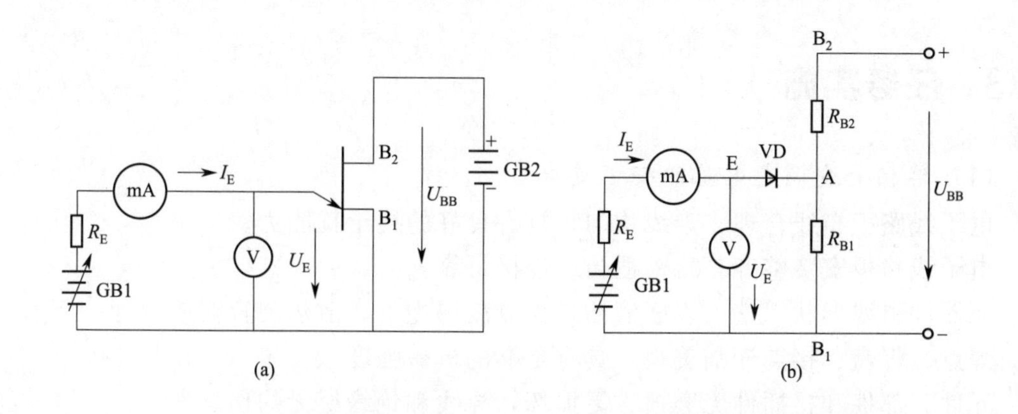

图 5-6　单结晶体管特性（a）与检测等效电路（b）

1）分压点 A 点的电位 $U_A=\frac{R_{B1}}{R_{B1}+R_{B2}}U_{BB}=\eta U_{BB}$。$\eta$ 为单结晶体管的分压比，它是一个与管子内部结构有关的参数，通常在 0.3～0.9 之间。

① 当 $U_E<\eta U_{BB}+U_{VD}$ 时，PN 结不导通（等效二极管 VD 截止），只有很小的漏电流流过。

② 当 $U_E=\eta U_{BB}+U_{VD}$ 时，PN 结导通，此时的 U_E 称为峰点电压，记作 U_p，$U_p=\eta U_{BB}+U_{VD}$。I_E 迅速增大，R_{B1} 减小→η 减小→U_A 减小→U_E 降低，即动态电阻为负值，称为负阻特性。

③ 当 U_E 降低到某一值 U_v 时，PN 由导通重新阻断，U_v 称为谷点电压。

2）单结晶体管相当于一个开关，当发射极电压 U_E 达到峰点电压 U_p，单结晶体管由截止变为导通；当 U_E 下降到谷点电压 U_v，单结晶体管由导通变为截止。

图 5-7 是单结晶体管自激振荡电路和波形，该电路由单结晶体管和 RC 充放电电路组成的，它能产生频率可变的一系列脉冲电压，用来触发晶闸管，所以又叫单结晶体管脉冲发生器。

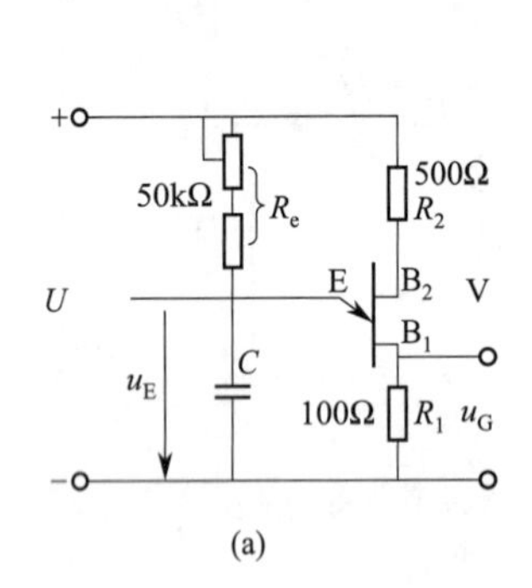

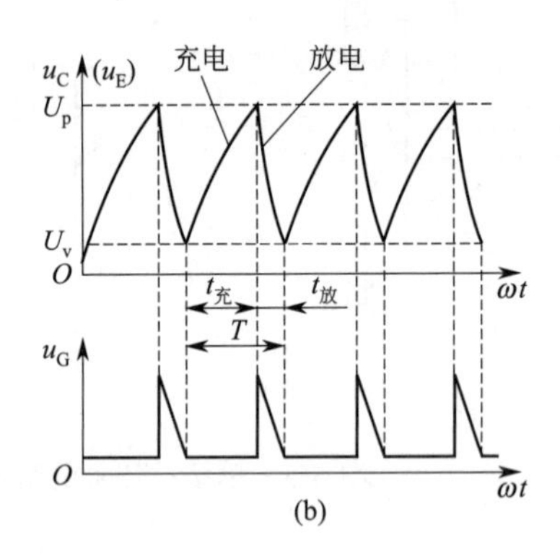

图 5-7　单结晶体管自激振荡电路（a）和波形（b）

5.3　任务实施

（1）单相全波调光电路的安装要求

电子线路板布线合理，走线均匀，具有良好的抗干扰能力。

电子线路板安装整齐，疏密适当，连接可靠。

元器件引线形状规整、表面清洁，焊点浸锡光滑，散热装置摆放合理。

焊点、焊盘、接点光洁美观，具有足够的机械强度。

元件、部件和接插件无磨损、无损坏，导线和绝缘层无灼伤。

电子线路装接方便、合理、快捷，具有良好的电气性能。

元器件标符正确，高度整齐，排布合理。

熟练使用工具，正确使用仪表，在规定的时间内完成电路板的焊接和安装任务。

（2）按照电路原理图进行电路板焊接安装的步骤

按照任务要求领取相应的电子元器件，检查电子元器件的标称值是否符合电路原理图的要求，检查电子元器件的数量以及外观情况。

对元器件、组件进行挑选，检查电子线路板、电子元器件、电气组件等的外观、物理性能、电气性能以及可焊性能，以确保电子电路板的焊接质量。

进行焊接前的检查和需要的处理。一般情况下，操作前要对焊件进行表面处理，除去元器件表面、焊件表面、焊接面上的氧化层、锈迹、油污、灰尘等杂质。通常采用细砂布研磨和酒精、丙酮擦洗等方法进行表面处理。

进行焊接前的元器件引脚处理，根据电子电路板的焊点和焊盘情况，合理设计元器件的引线形状，做到布局合理，安装整齐。

进行预焊。将要焊接的元器件引脚、导线、焊盘、焊件等焊接部分预先进行镀锡或搪锡，防止氧化。

焊接过程中保持烙铁头的清洁。适当控制烙铁头的温度，通常情况下，烙铁头的温度控制在使得焊剂融化较快但又不冒烟即可。焊剂和焊锡丝使用要适当。

（3）电路板调试要求

检查电路板的焊接情况，无短路故障则进行通电调试。首先通电测试触发脉冲电压是否为 0.2～0.4V，然后调校移相电路的电位器，测试输出电压 20～190V 之间变化，白炽灯由暗到亮变化。

5.4 检查与评定

1）手工焊接导线　确定导线长短，导线两端去绝缘皮，拨线和捻线，搪锡，焊接，剪线，检查导线焊接。

2）手工焊接电路板　焊接电子元器件，处理电路板的氧化膜，处理电子元器件的引脚氧化膜，处理电子元器件的引脚，焊接电子元器件，检查电子元器件焊点，剪切电子元器件的引脚。

检查评定表和评分表见表 5-1～表 5-3。

表 5-1 手工焊接电路板检查评定表

序号	完成情况(10-9-7-5-0 分)	评估		
		学生	组长	老师
1	手工焊接电路板 2 块			
2	存档			
3	总分			

表 5-2 手工焊接单相半控调速电路板评分表（22分）

	评分标准	配分	扣　分
按图焊接	1. 电路板连线布局不合理，扣 1～3 分	3	
	2. 导线焊点粗糙、有尖，扣 1～3 分	3	
	3. 元件虚焊、漏焊，扣 1～3 分	3	
	4. 引线长、乱，板不净，扣 1～3 分	3	
	5. 元件标符不正，高度不齐，扣 1～3 分	3	
	6. 使用工具、仪表不当，扣 1～4 分	4	
	7. 每损坏元件 1 只，扣 3 分，直到扣完本题分	3	

表 5-3 手工安装及调试单相半控调速电路评分表（23 分）

调试	1. 首先通电测试触发脉冲电压是否为 0.2～0.4V，然后通电测试输出电压是否 20～190V，若第一次不成功扣 6 分，第二次不成功再扣 6 分(以此类推)	18	一次	
			二次	
			三次	
	2. 不正确测试各指标，扣 1～5 分	5		
	3. 不报告通电造成短路或重大事故，调试分全扣			

练习 5

① 电子线路板焊接前准备工作要求有哪些?
② 单相半控调速电路电子线路板焊接质量标准有哪些?
③ 单相半控调速电路电子线路板安装的要求是什么?
④ 单相半控调速电路手工焊接基本操作步骤有哪些?

项目 6 三相异步电动机能耗制动电路的安装与调试

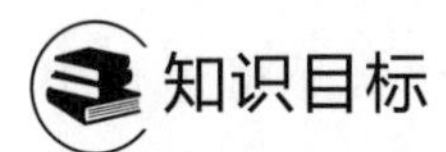

异步电动机的制动方式。
异步电动机能耗制动电路的工作原理。
常用的异步电动机能耗制动电路。
异步电动机能耗制动电路安装基本操作步骤。
异步电动机能耗制动电路调试的要求。
异步电动机能耗制动电路调试的基本操作步骤。

重点突破

异步电动机能耗制动的接线方法。
异步电动机能耗制动电路故障快速排除方法。
异步电动机能耗制动电路的通电调试。

6.1 任务导入

识读和分析异步电动机能耗制动电路电气原理图，了解本项目电气原理图的结构组成；根据异步电动机能耗制动电气原理图，正确无误地进行电路接线。

6.2 相关知识

(1) 异步电动机的制动方式

异步电动机的制动方式有机械制动和电气制动。

机械制动是利用机械装置使电动机在切断电源后迅速停止转动。机械制动常用的方法有电磁抱闸制动和电磁离合器制动。

电气制动是在切断电源停止转动的过程中，利用电气设备使电动机产生一个与旋转方向相反的电磁力矩（即制动力矩），使电动机迅速停止转动。异步电动机的电力制动常用的方法有四种，即反接制动、能耗制动、电容制动和再生发电制动，其中前两者较为常用。

(2) 异步电动机能耗制动电路原理

异步电动机能耗制动的特点是制动电流小，能量损耗小，制动平衡，制动准确，无冲击。缺点是制动需要增加直流电源装置，成本高，制动力矩小，一般适用于要求制动准确、制动平稳的工作场合。

图 6-1 是电动机带变压器全波整流能耗制动控制电路。能耗制动就是将运行中的电动机从交流电源上切除并立即接通直流电源，在定子绕组接通直流电源时，直流电流会在定子内产生一个静止的直流磁场，转子因惯性在磁场内旋转，在转子导体中产生感应电势，有感应电流流过，并与恒定磁场相互作用消耗电动机转子惯性能量产生制动力矩，使电动机迅速减速，最后停止转动。

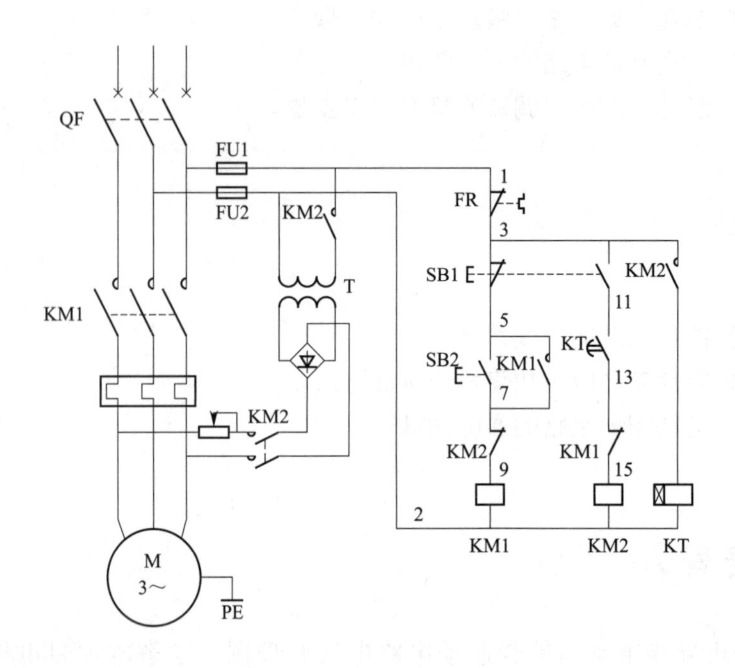

图 6-1 电动机带变压器全波整流能耗制动控制电路

6.3 任务实施

(1) 异步电动机带变压器全波整流能耗制动电路的安装

根据图 6-1 进行安装内容的训练，在规定时间内完成电动机带变压器全波整流能耗制动控制线路的接线。

① 电气线路板布线合理，走线均匀，具有良好的绝缘性能。

② 电气线路安装整齐，疏密适当，连接可靠。

③ 元器件如接触器、变压器、按钮等的接线正确，连接可靠。

④ 时间继电器触点接线正确，整流桥堆焊接可靠，极性正确。

⑤ 电气线路装接合理，试验方便，具有良好的电气性能。

(2) 异步电动机带变压器全波整流能耗制动电路的调试

调试要求：首先检查电气柜的安装情况，再检查有无短路故障，然后调整延时装置，最后进行通电调试，检测能耗制动电路是否能进行接通断开动作，以确保电动机及时制动。具体如下。

① 合上空气开关 QF，接通三相电源。

② 按下启动按钮 SB2，接触器 KM1 线圈通电并自锁，主触头闭合电动机接入三相电源而启动运行。

③ 当需要停止时，按下停止按钮 SB1，KM1 线圈断电，其主触头全部释放，电动机脱离电源。

④ 调整时间继电器 KT 的计时旋钮，在接触器 KM2 和时间继电器 KT 线圈通电并自锁，KT 开始计时 KM2 主触点闭合将直流电源接入电动机定子绕组，电动机在能耗制动下迅速停车。时间继电器 KT 的常闭触点延时断开时接触器 KM2 线圈断电，KM2 常开触点断开直流电源，脱离电源及脱离定子绕组，能耗制动及时结束，保证了停止准确。

⑤ 互锁环节。KM2 常闭触点与 KM1 线圈回路串联，KM1 常闭触点与 KM2 线圈回路串联，保证了 KM1 与 KM2 线圈不可能同时通电，也就是在电动机没脱离三相交流电源时，直流电源不可能接入定子绕组。按钮 SB1 的常闭触点接入 KM1 线圈回路，SB1 的常开触点接入 KM2 线圈回路，按钮互锁也保证了 KM1、KM2 不可能同时通电，与上面的互锁触点起到同样作用。

⑥ 直流电源采用二极管单相桥式整流电路，电阻 R 用来调节制动电流大小，改变制动力的大小。

6.4 检查与评定

见表 6-1、表 6-2。

表 6-1　异步电动机带变压器全波整流能耗制动电路的安装检查评定表

序号	完成情况(10-9-7-5-0 分)	评估		
		学生	组长	老师
1	能耗制动电路的安装			
2	存档			
3	总分			

表 6-2 异步电动机带变压器全波整流能耗制动电路安装与调试评分表（135 分钟内完成）

<table>
<tr><th>评分标准</th><th>配分</th><th colspan="2">扣分</th></tr>
<tr><td>1. 布线不符合要求扣 1～4 分</td><td>4</td><td colspan="2"></td></tr>
<tr><td>2. 接点不符合要求扣 1～4 分</td><td>4</td><td colspan="2"></td></tr>
<tr><td>3. 损坏导线或线芯扣 1～4 分</td><td>4</td><td colspan="2"></td></tr>
<tr><td>4. 操作不规范扣 1～4 分</td><td>4</td><td colspan="2"></td></tr>
<tr><td rowspan="3">5. 通电试车，第一次不成功扣 5 分，第二次不成功扣 5 分(以此类推)</td><td rowspan="3">15</td><td>一次</td><td></td></tr>
<tr><td>二次</td><td></td></tr>
<tr><td>三次</td><td></td></tr>
<tr><td>6. 不按原理图接线扣 5 分</td><td>5</td><td colspan="2"></td></tr>
<tr><td rowspan="2">7. 短路每次扣 10 分，直至扣完本题分</td><td rowspan="2">4</td><td>一次</td><td></td></tr>
<tr><td>二次</td><td></td></tr>
<tr><td>8. 损坏电气元件，每个扣 5 分，直至扣完本题分</td><td>5</td><td colspan="2"></td></tr>
<tr><td>9. 不报告通电，违反安全操作，扣 10～45 分，严重可取消考试资格</td><td></td><td colspan="2"></td></tr>
</table>

练习 6

① 异步电动机能耗制动电路安装准备工作要求有哪些？

② 异步电动机能耗制动电路安装与调试标准有哪些？

③ 异步电动机能耗制动电路安装与调试的要求是什么？

④ 异步电动机能耗制动电路的基本操作步骤有哪些？

⑤ 简述异步电动机能耗制动电路的工作原理。

⑥ 简述异步电动机能耗制动电路的功能。

三相异步电动机正反转带能耗制动控制电路

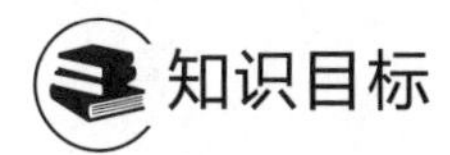

异步电动机正反转带能耗制动控制电路的连接。
异步电动机正反转带能耗制动控制的工作原理。
异步电动机正反转带能耗制动控制电路的接线方法。
异步电动机正反转带能耗制动控制电路的故障检修排除方法。
电气控制的安全操作方法。

电动机正反转带能耗制动控制电路的接线方法。
电动机正反转带能耗制动控制电路故障快速排除方法。

7.1 任务导入

识读和分析电动机正反转带能耗制动控制电路电气原理图，了解本项目电气原理图的结构组成；根据电动机正反转带能耗制动控制电路电气原理图，正确无误地进行电路接线。

7.2 相关知识

(1) 三相异步电动机正反转带能耗制动控制电路组成

如图 7-1 所示。图中电气元件名称和功能如下。

QS——刀开关，电源开关。

FU——熔断器，电路的基本保护之一，短路保护。

FR——热继电器，电路的基本保护之二，过载保护。

KM——接触器，是三相异步电动机启停控制的主要电器，控制回路控制线圈

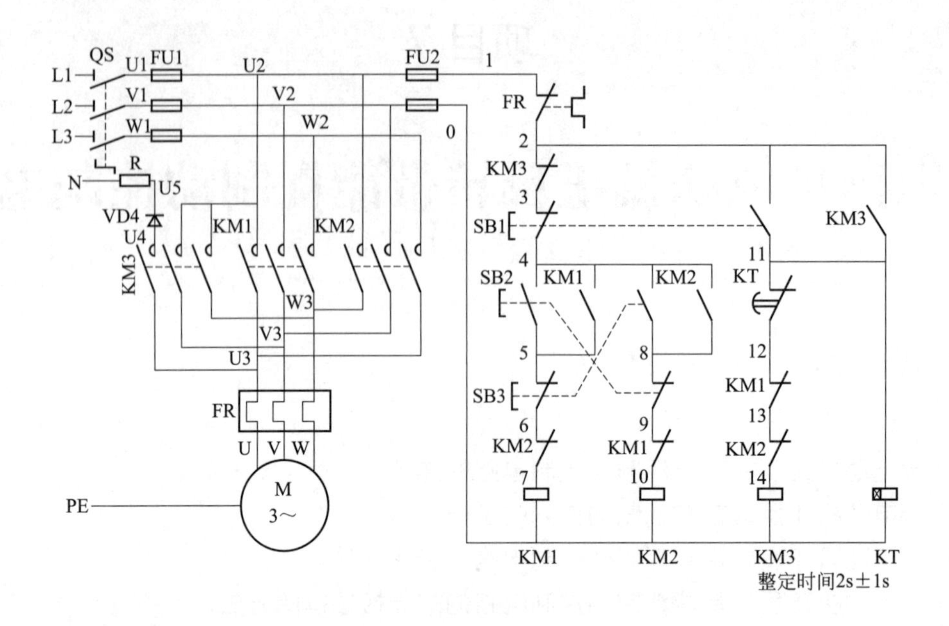

图 7-1　三相异步电动机正反转带能耗制动控制电路

的得电或失电，从而控制主触头闭合或断开，使电动机接通电源运行或断开电源停止。KM1 为正转启动接触器，KM2 为反转启动接触器，KM3 为制动接触器。

SB2、SB3——启动按钮。

SB1——停止按钮。

KT——时间继电器。

（2）三相异步电动机正反转带能耗制动控制电路工作原理

正转启动回路：按下按钮 SB2 后，KM1 吸合。启动回路 L1→FU1→FU2→FR 热继电器的常闭→KM3 常闭→SB1 常闭→SB2 常开（SB1 常开，在按下时接通，KM1 常开与开关 SB2 常开并联，这样接触器 KM1 形成自锁，松开按钮后仍然吸合）→SB3 常闭→KM2 常闭→KM1 线圈接通，正转启动。

反转启动回路：按下按钮 SB3 后，KM2 吸合。启动回路 L1→FU1→FU2→FR 热继电器的常闭→KM3 常闭→SB1 常闭→SB3 常开（SB3 常开，在按下时接通，常闭断开，而常闭是串联在正转启动回路中的，SB3 常闭断开后，正转回路也会断开，KM1 线圈失电，电机停止正转。KM2 常开与开关 SB3 常开并联，这样接触器 KM2 形成自锁，松开按钮后仍然吸合）→SB2 常闭→KM1 常闭（检查正转电路是否停止，只有停止的时候，KM1 上的常闭才能接通，给电路提供了双重保护）→KM2 线圈接通（接通后 KM2 的常闭触点断开，常闭触点是串联在启动回路中的，这样就保证了启动回路完全断开）。

急停回路：按下急停按钮 SB1，SB1 常闭触点断开，运行控制回路失电，电机停机。SB1 常开触点闭合，急停回路启动，延时继电器 KT 开始计时，到达时间后，延时继电器常闭断开，急停回路失电。

7.3　任务实施

（1）实训准备

① 熟悉电器的结构及动作原理。

② 对各设备器件进行检查。在连接实训线路前，应熟悉按钮开关、交流接触器、热继电器的结构形式、动作原理及接线方式和方法。

③ 检查电动机的外观。实训接线前应先检查电动机的外观有无异常。如条件许可，可用手盘动电动机的转子，观察转子转动是否灵活，与定子的间隙是否合适、是否有摩擦现象等。

④ 检查电动机的绝缘。采用兆欧表依次测量电动机绕组与外壳间及各绕组间的绝缘电阻值，记录测量数据，同时应检查绝缘电阻值是否符合要求。

（2）安装接线

① 检查元件质量。应在不通电的情况下，用万用表检查各触点的分、合情况是否良好。检查接触器时，应拆卸灭弧罩，用手同时按下三副主触点并用力均匀；同时应检查接触器线圈电压与电源电压是否相符。

② 安装元件。在木板上将元件摆放均匀、整齐、紧凑、合理，并用螺栓进行安装。注意组合开关、熔断器的受电端子应安装在控制板的外侧，并使熔断器的受电端为底座的中心端。紧固各元件时应用力均匀，紧固程度适当。

③ 板前明线布线。主电路采用 BV1.5mm^2（黑色），控制电路采用 BV1mm^2（红色）；按钮线采用 BVR0.75mm^2（红色），接地线采用 BVR1.5mm^2（绿/黄双色线）。布线要符合电气原理图，先将主电路的导线配完后，再配控制回路的导线；布线应平直、整齐、紧贴敷设面、走线合理，接点不得松动。具体注意以下几点：

a. 走线通道应尽可能少，同一通道中的沉底导线 ，按主、控电路分类集中，单层平行密排，并紧贴敷设面。

b. 同一平面的导线应高低一致或前后一致，不能交叉。当必须交叉时，该根导线应在接线端子引出时，水平架空跨越，但必须走线合理。

c. 布线应横平竖直，变换走向应垂直。

d. 导线与接线端子或线桩连接时，应不压绝缘层、不反圈及不露铜过长，并做到同一元件、同一回路的不同接点的导线间距离保持一致。

e. 一个元件接线端子上的连接导线不得超过两根，每节接线端子板上的连接导线一般只允许连接一根。

f. 严禁损伤线芯和导线绝缘。

g. 不在控制板上的元件要从端子排上引出。

④ 按图7-1检验控制板布线正确性。实验线路连接好后，学生应先自行进行认真仔细的检查，特别是二次接线，一般可采用万用表进行校核，以确认线路连接正

确无误。

⑤ 连接电源、电动机等控制板外部的导线。

（3）通电检测

经教师检查无误后，即可接通电动机三相交流电源。

① 接通电源。合上电源开关 QS。

② 启动实验。按下启动按钮 SB2，进行电动机的启动运行；观察线路和电动机运行有无异常现象，并仔细观察时间继电器和电动机控制电器的动作情况以及电动机的运行情况。

7.4 检查与评定

1）三相异步电动机正反转带能耗制动控制电路通电试电

2）三相异步电动机正反转带能耗制动控制电路安装工艺评定

检查评定表见表 7-1。

表 7-1 三相异步电动机正反转带能耗制动控制电路检查评定表

序号	完成情况(10-9-7-5-0 分)	评估		
		学生	组长	老师
1	安装时间			
2	安装工艺			
3	总分			

练习 7

① 简述电动机正反转带能耗制动电路的工作原理。

② 安装带能耗制动电路的准备工作有哪些?

③ 正反转带能耗制动电路的基本操作步骤有哪些?

④ 简述正反转带能耗制动电路的功能。

三相异步电动机星三角启动带能耗制动控制电路

知识目标

三相异步电动机星三角启动带能耗制动控制电路的连接。
三相异步电动机星三角启动带能耗制动控制电路的工作原理。
三相异步电动机星三角启动带能耗制动控制电路的接线方法。
三相异步电动机星三角启动带能耗制动控制电路的故障检修排除方法。
电气控制的安全操作方法。

重点突破

三相异步电动机星三角启动带能耗制动电路的接线方法。
三相异步电动机星三角启动带能耗制动电路故障快速排除方法。

8.1　任务导入

识读和分析三相异步电动机星三角启动带能耗制动电气原理图，了解本项目电气原理图的结构组成；根据异步电动机星三角启动带能耗制动气原理图，正确无误地进行电路接线。

8.2　相关知识

（1）三相异步电动机星三角启动带能耗制动控制电路组成

如图 8-1 所示。

KM——接触器，KM1、KM丫为电动机星形启动接触器，转换后 KM1、KM△为三角形启动接触器，KM2 为制动接触器。

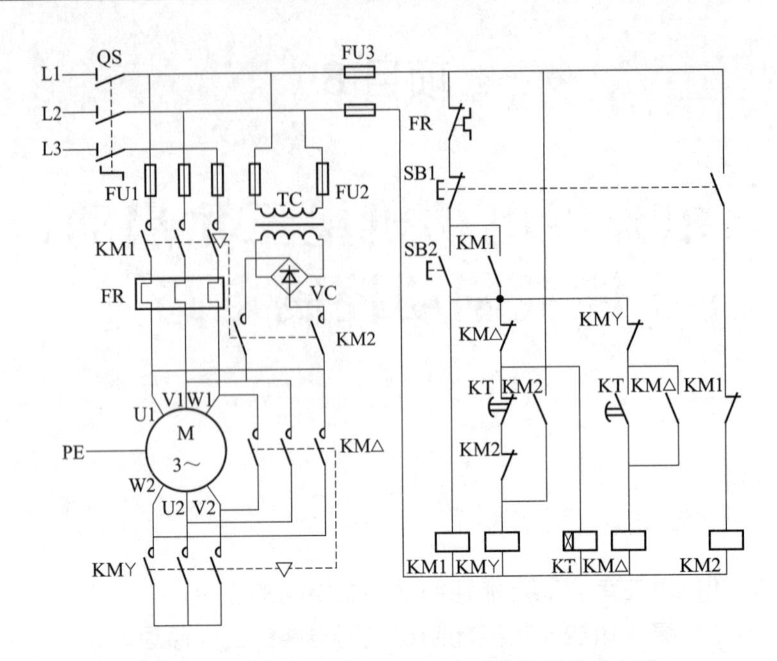

图 8-1 三相异步电动机星三角启动带能耗制动电路

SB2——启动按钮。

SB1——停止按钮。

(2) 三相异步电动机星三角启动带能耗制动控制电路工作原理

电动机星形启动：按下按钮 SB2 后，KM1、KMY 吸合。启动回路 L1→FU3→FR 热继电器的常闭→SB1 常闭→SB2（SB1 常开在按下时接通，KM1 常开与开关 SB2 常开并联，这样接触器 KM1 形成自锁，松开按钮后仍然吸合），同时，另一支路 KM△常闭→KT 常闭→KM2 常闭→KMY线圈、KT 时间继电器接通，KM1、KMY对应的主触头闭合，电动机星形启动，同时 KMY常闭触头断开。

电动机三角形运行：时间继电器计时时间到达设定值后，线圈 KM1、KM△吸合。KM1 保持自锁的基础上→KT 计算时间到达→KT 常闭延时断开触头断开→KMY失电→KMY常闭触头恢复闭合→KT 常开延时闭合触头闭合→线圈 KM△吸合→KM△常开触头闭合形成自锁。

急停回路：按下急停按钮 SB，SB1 常闭触点断开，运行控制回路失电，电机停机。SB1 常开触点闭合→急停回路启动→KM2 线圈吸合，其常开触头闭合→KM2 主触头闭合，整流出来的直流通入电动机→KMY线圈得电，形成星形接法，急停回路失电，能耗制动。

8.3 任务实施

(1) 实训准备

① 熟悉电器的结构及动作原理。

② 对各设备器件进行检查。在连接控制实训线路前，应熟悉按钮开关、交流接触器、热继电器的结构形式、动作原理及接线方式和方法。

③ 检查电动机的外观。实训接线前应先检查电动机的外观有无异常。如条件许可，可用手盘动电动机的转子，观察转子转动是否灵活，与定子的间隙是否合适、是否有摩擦现象等。

④ 检查电动机的绝缘。采用兆欧表依次测量电动机绕组与外壳间及各绕组间的绝缘电阻值，记录测量数据，同时应检查绝缘电阻值是否符合要求。

(2) 安装接线

① 检查元件质量。应在不通电的情况下，用万用表检查各触点的分、合情况是否良好。检查接触器时，应拆卸灭弧罩，用手同时按下三副主触点并用力均匀；同时应检查接触器线圈电压与电源电压是否相符。

② 安装元件。在木板上将元件摆放均匀、整齐、紧凑、合理，并用螺栓进行安装。注意组合开关、熔断器的受电端子应安装在控制板的外侧，并使熔断器的受电端为底座的中心端。紧固各元件时应用力均匀，紧固程度适当。

③ 板前明线布线。主电路采用 BV1.5mm^2（黑色），控制电路采用 BV1mm^2（红色）；按钮线采用 BVR0.75mm^2（红色），接地线采用 BVR1.5mm^2（绿/黄双色线）。布线要符合电气原理图，先将主电路的导线配完后，再配控制回路的导线。

④ 按图 8-1 检验控制板布线正确性。实验线路连接好后，学生应先自行进行认真仔细的检查，特别是二次接线，一般可采用万用表进行校核，以确认线路连接正确无误。

⑤ 连接电源、电动机等控制板外部的导线。

(3) 通电检测

经教师检查无误后，即可接通电动机三相交流电源。

① 通电源。合上电源开关 QS。

② 启动实验。按下启动按钮 SB2，进行电动机的启动运行；观察线路和电动机运行有无异常现象，并仔细观察时间继电器和电动机控制电器的动作情况以及电动机的运行情况。

8.4 检查与评定

1）三相异步电动机星三角启动带能耗制动电路通电试电

2）三相异步电动机星三角启动带能耗制动电路安装工艺评定

检查评定表见表 8-1。

表 8-1 三相异步电动机星三角启动带能耗制动电路检查评定表

序号	完成情况(10-9-7-5-0 分)	评估		
		学生	组长	老师
1	安装时间			
2	安装工艺			
3	总分			

练习 8

① 简述电动机星三角启动带能耗制动电路的工作原理。
② 安装星三角启动带能耗制动电路的准备工作有哪些?
③ 星三角启动带能耗制动电路的基本操作步骤有哪些?
④ 简述星三角启动带能耗制动电路的功能。

按钮接触器控制双速电动机变速控制电路

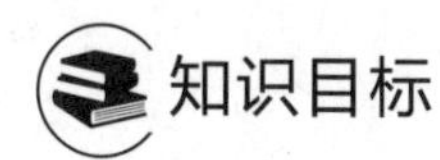

知识目标

按钮接触器控制双速电动机变速控制电路的工作原理。
按钮接触器控制双速电动机变速控制电路的安装接线方法。
按钮接触器控制双速电动机变速控制电路的故障检修排除方法。
电气控制的安全操作方法。

重点突破

按钮接触器控制双速电动机变速控制电路的接线方法。
按钮接触器控制双速电动机变速控制电路故障快速排除方法。

9.1 任务导入

识读和分析按钮接触器控制双速电动机变速控制电路电气原理图，了解本项目电气原理图的结构组成；根据按钮接触器控制双速电动机变速控制电路电气原理图，正确无误地进行电路接线。

9.2 相关知识

(1) 按钮接触器控制双速电动机变速控制电路组成

交流异步电动机双速控制电路变速原理：由三相异步电动机的转速公式 $n=(1-s)60f_1/p$（s 为转差率）可知，改变异步电动机磁极对数 p，可实现电动机调速。变极调速是在电源频率 f_1 不变的条件下，改变电动机的极对数 p，电动机的同步转速 n 就会变化，极对数增加一倍，同步转速就降低一半，电动机的转速也几乎下降一半，从而实现转速的调节。

改变电动机的极数，可在定子铁芯槽内嵌放两套不同极数的三相绕组，但是从制造的角度看，这种方法很不经济。通常是利用改变定子绕组接法来改变极数，这种电机称为多速电机，如图 9-1 所示是电动机变极调速接线。

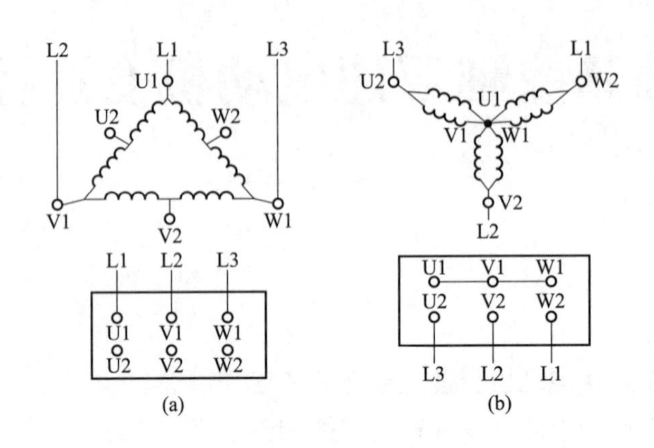

图 9-1 电动机变极调速接线

图 9-2 是按钮接触器控制双速电动机变速控制电路。

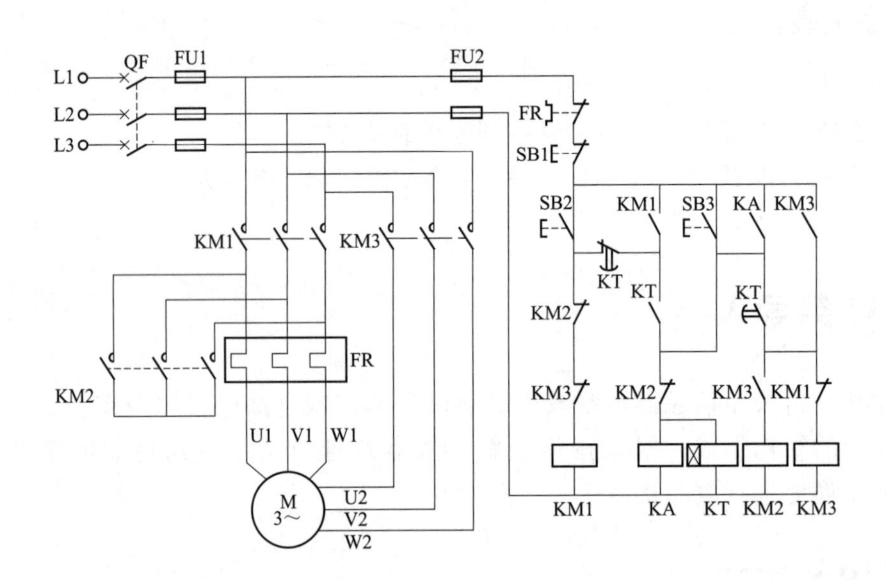

图 9-2 按钮接触器控制双速电动机变速控制电路

KM——接触器，失压、欠压保护，KM1 为三角形运行控制接触器，KM2、KM3 为双星形运行控制的接触器。

SB2、SB3——分别为三角形启动按钮、双星控制启动按钮。

SB1——停止按钮。

KT——通电延时时间继电器。

（2）按钮接触器控制双速电动机变速控制电路工作原理

① 控制过程。三角形控制回路：按下按钮SB2后，KM1吸合。启动回路L1→FU1→FU2→FR热继电器的常闭→SB1常闭→SB2常开（SB2常开在按下时接通，KM1常开与开关SB2常开并联，这样接触器KM1形成自锁，松开按钮后仍然吸合)→KM2常闭→KM3常闭→KM1线圈接通，星形控制启动。

② 双星形控制回路。按下按钮SB3后，KT时间继电器、KA中间继电器得电。启动回路L1→FU1→FU2→FR热继电器的常闭→SB1常闭→SB3常开（SB3与KA并联，KA常开与开关SB2常开并联，这样中间继电器KA形成自锁，松开按钮后仍然吸合)→KM2常闭（这里就是检查双星形电路是否启动，只有停止的时候，KM2上的常闭才能接通，给电路提供了双重保护)→KA线圈、KT时间继电器接通。

KT延时时间到达后，KM2、KM3吸合。KT时间继电器倒计时时间到后，KT动断触头断开→KM1线圈失电→KM1触头闭合→KT动合触头闭合→KM3线圈得电→KM3常开触头闭合（一个常开触头为自锁控制，另一个为让KM2线圈得电)→KM2线圈得电→KM3、KM2主触头闭合→电动机双星形启动运行。

③ 急停回路。无论电动机处于何种运行状态，按下急停按钮SB1，SB1常闭触点断开，运行控制回路失电，电动机停机。

9.3 任务实施

（1）实训准备

① 熟悉电器的结构及动作原理。

② 对各设备器件进行检查。在连接控制实训线路前，应熟悉按钮开关、交流接触器、热继电器、通电延时时间继电器的结构形式动作原理及接线方式和方法。

③ 检查电动机的外观。实训接线前应先检查电动机的外观有无异常。如条件许可，可用手盘动电动机的转子，观察转子转动是否灵活，与定子的间隙是否合适、是否有摩擦现象等。

④ 检查电动机的绝缘。采用兆欧表依次测量电动机绕组与外壳间及各绕组间的绝缘电阻值，记录测量数据，同时应检查绝缘电阻值是否符合要求。

（2）安装接线

① 检查元件质量。应在不通电的情况下，用万用表检查各触点的分、合情况是否良好。检查接触器时，应拆卸灭弧罩，用手同时按下三副主触点并用力均匀；同时应检查接触器线圈电压与电源电压是否相符。

② 安装元件。在木板上将元件摆放均匀、整齐、紧凑、合理，并用螺栓进行安装。注意组合开关、熔断器的受电端子应安装在控制板的外侧，并使熔断器的受电端为底座的中心端；紧固各元件时应用力均匀，紧固程度适当。

③ 板前明线布线。主电路采用 BV2.5mm² （黑色），控制电路采用 BV1mm²（红色）；按钮线采用 BVR0.75 mm² （红色），接地线采用 BVR1.5mm² （绿/黄双色线）。布线要符合电气原理图，先将主电路的导线配完后，再配控制回路的导线。

④ 按图 9-2 检验控制板布线正确性。实验线路连接好后，学生应先自行进行认真仔细的检查，特别是二次接线，一般可采用万用表进行校核，以确认线路连接正确无误。

⑤ 连接电源、电动机等控制板外部的导线。

(3) 通电测试

经教师检查无误后，即可接通电动机三相交流电源。

① 接通电源。合上电源开关 QS。

② 启动实验。按下启动按钮 SB2，进行电动机的启动运行；观察线路和电动机运行有无异常现象，并仔细观察时间继电器和电动机控制电器的动作情况以及电动机的运行情况。

9.4 检查与评定

1) 三相异步电动机按钮接触器控制双速电动机变速线路通电试电

2) 三相异步电动机按钮接触器控制双速电动机变速线路安装工艺评定

检查评定表见表 9-1。

表 9-1 三相异步电动机按钮接触器控制双速电动机变速电路检查评定表

序号	完成情况(10-9-7-5-0 分)	评估		
		学生	组长	老师
1	安装时间			
2	安装工艺			
3	总分			

练习 9

① 试设计一个手动切换控制电路，实现三相异步电动机按钮接触器控制双速电动机变速控制。

② 设计一个三相异步电动机双速运行与快速制动电路。

项目 10

四点限位控制电路

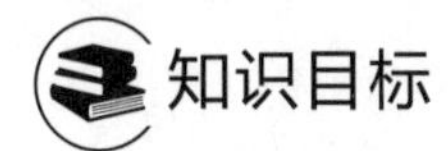

知识目标

四点限位控制电路的连接。
四点限位控制电路的工作原理。
四点限位控制电路的接线方法。
四点限位控制电路的故障检修排除方法。
电气控制的安全操作方法。

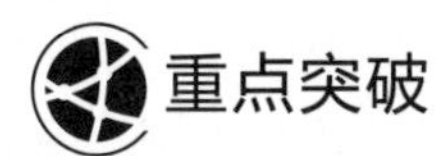

重点突破

四点限位控制电路的接线方法。
四点限位控制电路中故障快速排除方法。

10.1 任务导入

识读和分析四点限位控制电路电气原理图，了解本项目电气原理图的结构组成；根据四点限位控制电路电气原理图，正确无误地进行电路接线。

10.2 相关知识

（1）三相异步电动机四点限位控制电路组成

三相异步电动机四点限位控制电路设置见图 10-1，控制电路见图 10-2。

KM——接触器，KM1 为正转启动接触器，KM2 为反转启动接触器，KM3 为制动接触器。

SB1、SB2——启动按钮。

SB3——停止按钮。

QS—限位开关。其中 QS1、QS2 为左右限位，往返的位置转换开关。QS3、QS4 为左右安全限位开关，一旦 QS1、QS2 损坏，限制工作台继续前行，造成

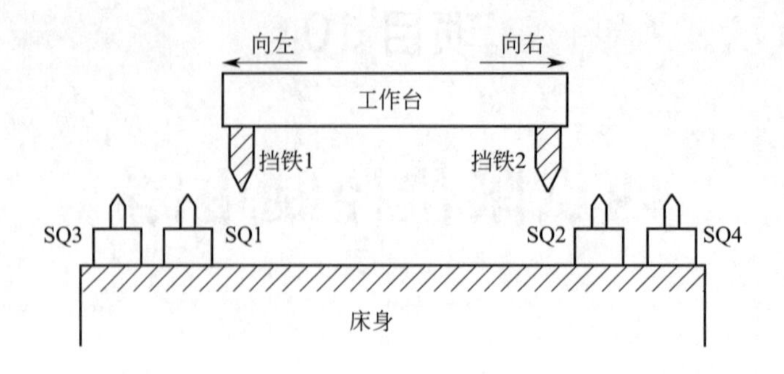

图 10-1 三相异步电动机四点限位控制电路设置

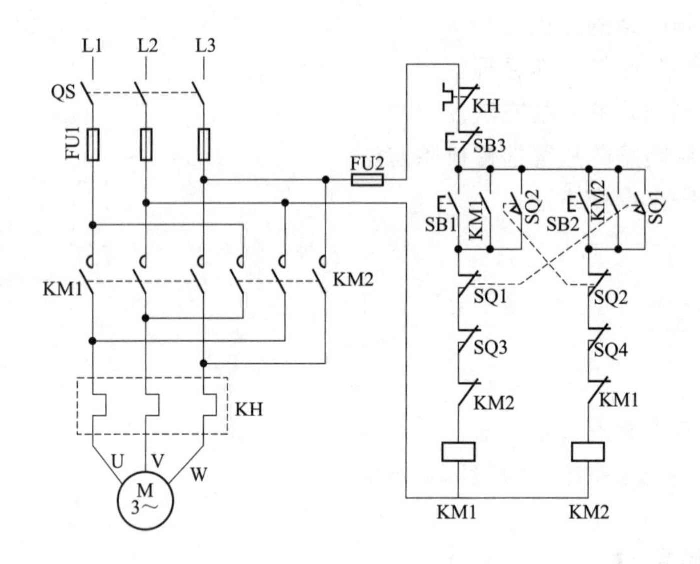

图 10-2 三相异步电动机四点限位控制电路

事故。

(2) 三相异步电动机四点限位控制电路工作原理

正转左行回路：按下按钮 SB1 后，KM1 吸合，工作台左行。启动回路 L3→FU1→FU2→KH 热继电器的常闭→SB3 常闭→SB1 常开（SB1 常开，在按下时接通，KM1 常开与开关 SB1 常开并联，这样接触器 KM1 形成自锁，松开按钮后仍然吸合）→SQ1 常闭→SQ3 常闭→KM2 常闭→KM1 线圈接通→KM1 主触头闭合→电动机正转，工作台保持向左行驶。

反转右行回路：按下按钮 SB2 后，KM2 吸合，工作台右行。启动 L3→FU1→FU2→KH 热继电器的常闭→SB3 常闭→SB2 常开（SB2 常开，在按下时接通，KM2 常开与开关 SB2 常开并联，这样接触器 KM2 形成自锁，松开按钮后仍然吸合）→SQ2 常闭→SQ4 常闭→KM1 常闭→KM2 线圈接通→KM2 主触头闭合→电动机反转，工作台保持向右行驶。

位置开关控制正反转从而左右自动往返运行：当 SB1 启动后，小车保持向右行驶，KM2 得电保持，挡铁到遇到 SQ2 后，SQ2 常闭触头断开→KM2 线圈失电→电动机失电→SQ2 常开触头闭合→KM1 线圈接通→KM1 线圈接通→KM1 主触头闭合→电动机正转，工作台保持向左行驶。同样的，当小车保持向左行驶，挡铁到遇到 SQ1 后，电动机一样会断电后反向运行，从而形成工作台的自动往返运动。

急停回路：按下急停按钮 SB1，SB1 常闭触点断开，运行控制回路失电，电机停机。

安全控制回路：当由于机械等原因，挡铁碰到 SQ3 或者 SQ4 时，分别使得 KM1 或者 KM2 线圈失电，从而电动机停转，达到安全保护的目的。

10.3　任务实施

(1) 实训准备

① 熟悉电器的结构及动作原理。

② 对各设备器件进行检查。在连接控制实训线路前，应熟悉按钮开关、交流接触器、热继电器、行程开关的结构形式、动作原理及接线方式和方法。

③ 检查电动机的外观。实训接线前应先检查电动机的外观有无异常。如条件许可，可用手盘动电动机的转子，观察转子转动是否灵活，与定子的间隙是否合适、是否有摩擦等。

④ 电动机的绝缘检查。采用兆欧表依次测量电动机绕组与外壳间及各绕组间的绝缘电阻值，记录测量数据，同时应检查绝缘电阻值是否符合要求。

(2) 安装接线

① 检查元件质量。应在不通电的情况下，用万用表检查各触点的分、合情况是否良好。检查接触器时，应拆卸灭弧罩，用手同时按下三副主触点并用力均匀；同时应检查接触器线圈电压与电源电压是否相符。

② 安装元件。在木板上将元件摆放均匀、整齐、紧凑、合理，并用螺栓进行安装。注意组合开关、熔断器的受电端子应安装在控制板的外侧，并使熔断器的受电端为底座的中心端。紧固各元件时应用力均匀，紧固程度适当。

③ 板前明线布线。主电路采用 BV2.5mm^2（黑色），控制电路采用 BV1mm^2（红色）；按钮线采用 BVR0.75mm^2（红色），接地线采用 BVR1.5mm^2（绿/黄双色线）。布线要符合电气原理图，先将主电路的导线配完后，再配控制回路的导线。

④ 按图 10-2 检验控制板布线正确性。实验线路连接好后，学生应先自行进行认真仔细的检查，特别是二次接线，一般可采用万用表进行校核，以确认线路连接正确无误。

⑤ 连接电源、电动机等控制板外部的导线。

（3）通电检测

经教师检查无误后，即可接通电动机三相交流电源。

① 接通电源。合上电源开关 QS。

② 启动实验。分别按下启动按钮 SB1、SB2，进行电动机的启动运行；通过控制 SQ1、SQ2 观察线路和电动机运行有无异常现象，控制 SQ3、SQ4 并仔细观察电动机控制电器的动作情况以及电动机的运行情况。

10.4 检查与评定

1）四点限位控制电路通电试电

2）四点限位控制电路安装工艺评定

检查评定表见表 10-1。

表 10-1 四点限位控制电路检查评定表

序号	完成情况(10-9-7-5-0 分)	评估		
		学生	组长	老师
1	安装时间			
2	安装工艺			
3	总分			

练习 10

① 试设计多点限位控制电路，实现三相异步电动机多点限位控制。

② 设计一个三相异步电动机时间控制往返电路。

Z3050 型钻床电气控制电路的维修

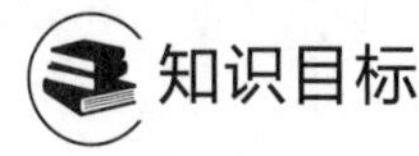
知识目标

Z3050 型钻床的用途。
Z3050 型钻床结构和功能。
Z3050 型钻床电气控制线路维修前的准备工作。
Z3050 型钻床电气控制线路维修的基本操作步骤。
Z3050 型钻床电气控制线路的常见故障维修方法。

重点突破

Z3050 型钻床电气控制线路的维修方法。
Z3050 型钻床电气控制线路故障判断和快速排除方法。

11.1 任务导入

识读和分析 Z3050 型钻床电气控制线路电气原理图，了解本项目电气原理图的结构组成；根据 Z3050 型钻床电气控制线路电气原理图，正确无误地进行 Z3050 型钻床电气控制线路的故障维修。

11.2 相关知识

11.2.1 Z3050 型钻床动作要求

Z3050 型钻床是一种工件孔加工的通用机床，可以用来进行钻孔、扩孔、铰孔、攻丝、攻螺纹、修刮端面及平面等多种形式基本加工。按用途和结构分类，钻床可以分为立式钻床、台式钻床、多孔钻床、摇臂钻床及其他专用钻床等。在各类钻床中，摇臂钻床操作方便灵活，适用范围广，具有典型性，特别适用于单件或批量生产带有多孔大型零件的孔加工，是一般机械加工车间常见的机床。

Z3050 型钻床主要由主轴、内外立柱、主轴箱、摇臂、工作台和底座组成。摇臂钻床主轴箱可在摇臂上移动，并随摇臂绕立柱回转。摇臂还可沿立柱上下移动，以适应不同高度工件的加工。较小的工件可安装在工作台上，较大的工件可直接放在机床底座或地面上。图 11-1 是摇臂钻床外形。

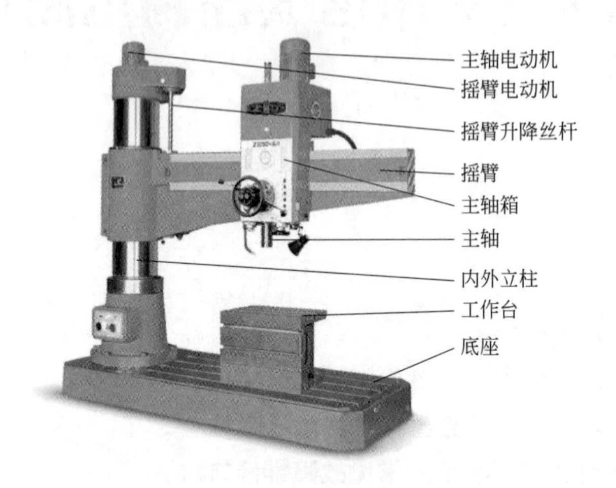

图 11-1 Z3050 型摇臂钻床外形

内立柱固定在底座的一端，在其外面套有外立柱，外立柱可绕内立柱回转 360°。摇臂的一端为套筒，它套装在外立柱做上下移动。由于丝杆与外立柱连成一体，而升降螺母固定在摇臂上，因此摇臂不能绕外立柱转动，只能与外立柱一起绕内立柱回转。内外主轴的夹紧与放松、主轴与摇臂的夹紧与放松，用电气-机械装置控制方法，严格按照摇臂松开→移动→摇臂夹紧的程序进行。主轴箱是一个复合部件，由主传动电动机、主轴和主轴传动机构、进给和变速机构、机床的操作机构等部分组成。主轴箱安装在摇臂的水平导轨上，可以通过手轮操作，使其在水平导轨上沿摇臂移动。

Z3050 型摇臂钻床运动部件较多，为了简化传动装置，采用 4 台电动机拖动，分别是主轴电动机、摇臂升降电动机、立柱夹紧-松开电动机和冷却泵电动机，这些电动机都采用直接启动方式。各种工作状态都通过按钮操作。

当进行加工时，由特殊的夹紧装置将主轴箱紧固在摇臂导轨上，而外立柱紧固在内立柱上，摇臂紧固在外立柱上，然后进行钻削加工。钻削加工时，钻头一边进行旋转切削，一边进行纵向进给。

Z3050 型钻床加工时的运动情况是：主运动为主轴电动机带动钻头旋转运动进行金属钻削加工工作；进给运动为主轴的纵向进给；辅助运动有摇臂沿外立柱垂直移动、主轴箱沿摇臂长度方向的移动、摇臂与外立柱一起绕内立柱的回转运动。

11.2.2 Z3050 型钻床电气控制

图 11-2 是 Z3050 型摇臂钻床电气控制原理。

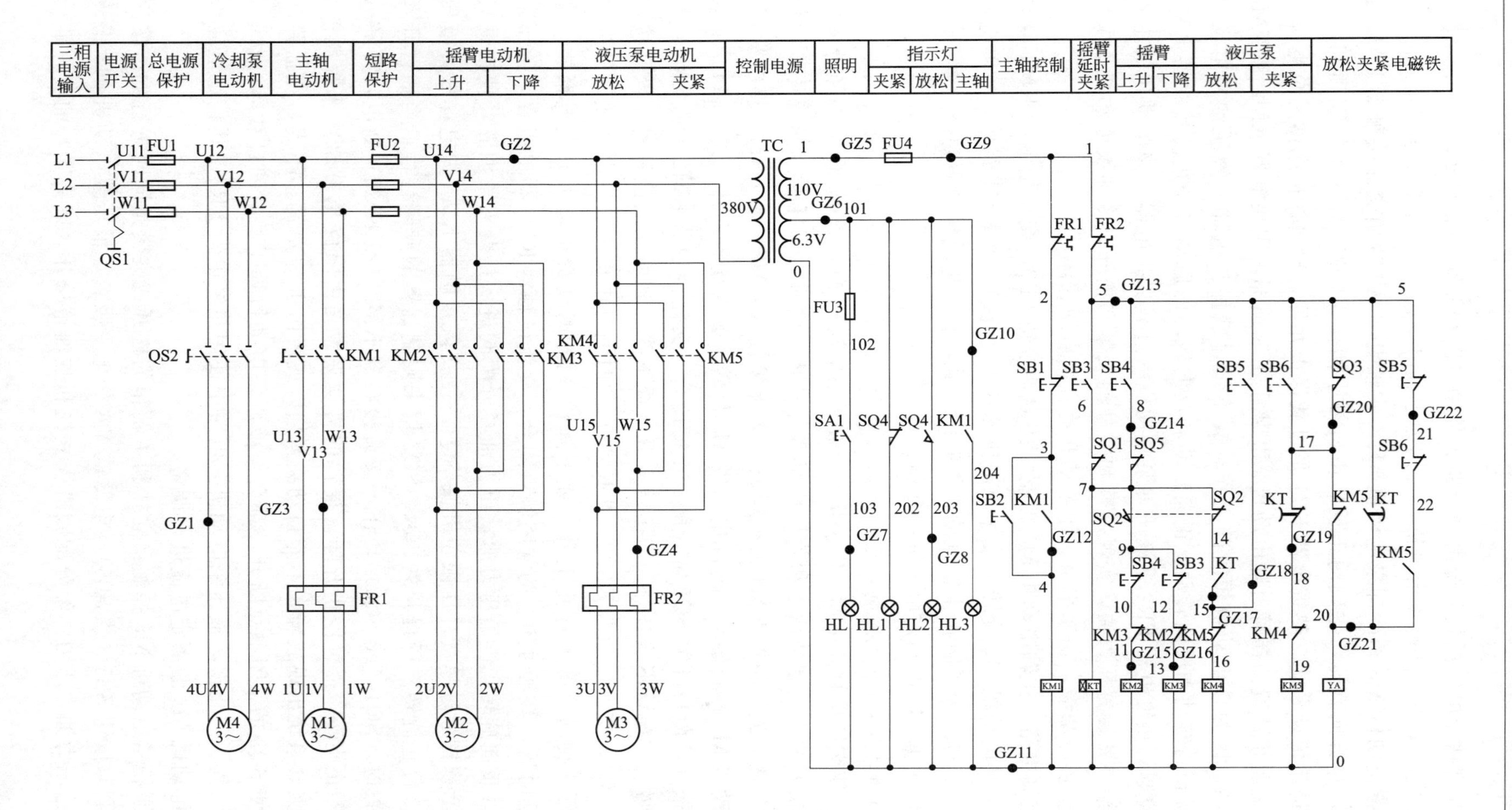

图 11-2 Z3050 型摇臂钻床电气控制原理

注：标大点处为故障设置的具体位置，共 22 处，都为断路故障设置。

Z3050 型钻床电气控制系统由主电路、控制电路和辅助电路组成。

1）主电路　主电路有 4 台电机，分别为主轴电动机 M1、摇臂升降电动机 M2、液压泵松紧电动机 M3 和冷却泵电动机 M4。主轴电动机 M1 由交流接触器 KM1 控制，只要求单方向旋转，主轴的正反转由机械手柄操作。M1 装在主轴箱顶部，带动主轴及进给传动系统，热继电器 FR1 是过载保护元件，短路保护电器是总电源开关中的电磁脱扣装置。摇臂升降电动机 M2 装于主轴顶部，用接触器 KM2 和 KM3 控制正反转。因为该电动机短时间工作，故不设过载保护电器。液压油泵电动机 M3 可以做正向转动和反向转动。正向转动和反向转动的启动与停止由接触器 KM4 和 KM5 控制。热继电器 FR2 是液压油泵电动机的过载保护电器。该电动机的主要作用是供给夹紧装置压力油，实现摇臂和立柱的夹紧和松开。冷却泵电动机 M4 为液压系统提供冷却液，功率很小，用手动开关直接启动和停止。

2）控制电路　主轴电动机 M1 控制：按启动按钮 SB2，交流接触器 KM1 吸合并自锁，主轴电动机 M1 旋转；按停止按钮 SB1，交流接触器 KM1 释放，主轴电动机 M1 停止旋转。为了防止主轴电动机长时间过载运行，电路中设置热继电器 FR1，其整定值应根据 M1 的额定电流进行调整。

摇臂升降电动机 M2 控制：按上升（或下降）按钮 SB3（或 SB4），时间继电器 KT 吸合，使交流接触器 KM4 得电吸合，液压泵电动机 M3 旋转，压力油经分配阀进入摇臂松开油腔，推动活塞和菱形块使摇臂松开。同时活塞杆通过弹簧片压限位开关 SQ2，使交流接触器 KM4 失电释放，交流接触器 KM2（或 KM3）得电吸合，液压泵电动机 M3 停止旋转，升降电动机 M2 旋转，带动摇臂上升（或下降）。如果摇臂没有松开，限位开关 SQ2 常开触点不能闭合，交流接触器 KM2（或 KM3）就不能得电吸合，摇臂不能升降。当摇臂上升（或下降）到所需的位置时，松开按钮 SB3（或 SB4），交流接触器 KM2（或 KM3）和时间继电器 KT 失电释放，升降电动机 M2 停止旋转，摇臂停止上升（或下降）。由于时间继电器 KT 失电释放，经 1～3.5s 延时后，其延时闭合的常闭触点闭合，交流接触器 KM5 得电吸合，液压泵电动机 M3 反向旋转，供给压力油，压力油经分配阀进入摇臂夹紧油腔，使摇臂夹紧。同时活塞杆通过弹簧片压限位开关 SQ3，使交流接触器 KM5 失电释放，液压电动机 M3 停止旋转。行程开关 SQ1、SQ5 用来限制摇臂的升降行程，当摇臂升降到极限位置时，SQ1（或 SQ5）动作，交流接触器 KM2（或 KM3）断电，升降电动机 M2 停止旋转，摇臂停止升降。摇臂的自动夹紧是由限位开关 SQ3 来控制的。如果液压夹紧系统出现故障，不能自动夹紧摇臂或者由于 SQ3 调整不当，在摇臂夹紧后不能使 SQ3 的常闭触点断开，都会使液压泵电动机处于长时间过载运行状态，造成损坏。为了防止损坏液压泵电动机，电路中使用热继电器 FR2，其整定值应根据液压泵电动机 M3 的额定电流进行调整。

液压泵松紧电动机 M3 控制：立柱和主轴箱的松开或夹紧是同时进行的。按松开（或夹紧）按钮 SB5（或 SB6），电磁铁 YA 失电不吸合，液压泵电动机 M3 正转或反转，给压力油。压力油经分配阀进入立柱和主轴箱松开（或夹紧）油腔，推动活塞和菱形块使立柱和主轴箱分别松开（或夹紧）。

冷却泵电动机 M4 控制：合上或断开开关 QS2，就可接通或切断电源，实现冷却泵电动机 M4 的启动和停止。

11.3 任务实施

实训操作前熟悉并且掌握 Z3050 型钻床控制电路电气动作原理，再根据线路图分析故障范围，用试验法进行第一步故障分析，确定第一个故障点；用测量法检修第一个故障点，通电试车；用试验法进行第二步故障分析，确定第二个故障点；用测量法检修第二个故障点，通电试车；用试验法进行第三步故障分析，确定第三个故障点；用测量法检修第三个故障点，通电试车；……通过实训训练，处理故障。

对实训台上设置的故障，在规定时间内，找出故障点的位置，并将故障排除，最后将故障现象、故障点和故障分析情况进行记录。电路共设故障 22 处，均采用故障开关控制，“0”位为断开，“1”位为合上。故障处理的训练如下：

GZ1 故障开关串接在冷却泵的一根相线上，断开此开关，冷却泵电动机 M4 缺相。

GZ2 故障开关串接在控制变压器输入端，断开此开关，控制线路无法工作。

GZ3 故障开关串接在主轴电机 M1 的一根相线上，断开此开关，主轴电动机 M1 缺相。

GZ4 故障开关串接在液压泵电机 M3 的一根相线上，断开此开关，液压泵电动机 M3 缺相。

GZ5 故障开关串联在 110V 总控制线路 1 号线上，断开此开关，控制线路无法工作。

GZ6 故障开关串联在 6.3V 指示灯电源控制线路 101 号线上，断开此开关，指示灯和照明灯无法工作。

GZ7 故障开关串接在照明灯开关上，断开此开关，照明灯无法工作。

GZ8 故障开关串接在放松指示灯线路上，断开此开关，液压泵电动机放松指示灯无法工作。

GZ9 故障开关串接电动机控制电路上，断开此开关，所有电动机控制无法进行。

GZ10 故障开关串接在主轴工作指示灯线路上，断开此开关，主轴工作指示灯无法工作。

GZ11 故障开关串接在 0 号线上，断开此开关，所有电动机控制无法实现。

GZ12 故障开关串接在 KM1 自锁点线路上，断开此开关，主轴电机启动后无法自锁。

GZ13 故障开关串接在 5 号线上，断开此开关，摇臂上升到位后无法夹紧，也无法使摇臂下降。

GZ14 故障开关串接在摇臂下降控制按钮 SB4 线路上。断开此开关，摇臂无法下降。

GZ15 故障开关串接在摇臂电动上升控制接触器 KM2 线圈上，断开此开关，摇臂无法上升。

GZ16 故障开关串接在摇臂电动下降控制接触器 KM3 线圈上，断开此开关，摇臂无法下降。

GZ17 故障开关串接在时间继电器常开点线路，断开此开关，摇臂上升下降时，液压泵无法启动。

GZ18 故障开关串接在液压泵按钮 SB5 线路上，断开此开关，液压泵无法手动启动。

GZ19 故障开关串接在液压泵反转控制线路中，断开此开关，液压泵无法实现夹紧工作。

GZ20 故障开关串接在 SQ3 控制线路中，断开此开关，自动控制时，摇臂不能夹紧。

GZ21 故障开关串接在 KM5 常开点处，断开此开关，电磁铁无法得电。

GZ22 故障开关串接在 SB5 与 SB6 之间，断开此开关，电磁铁无法得电。

常见故障现象及处理如表 11-1 所示。

表 11-1 钻床电气控制线路常见故障现象及处理

故障现象	故障点	故障处理
摇臂不能升降	行程开关 SQ2 位置及接触	检查行程开关 SQ2 位置及接触是否良好；检查电机 M3 电源相序是否接反
摇臂升降后，摇臂夹不紧	行程开关 SQ3 控制位置	检查行程开关 SQ3 控制位置是否合适
立柱、主轴箱不能夹紧或松开	按钮接线不良或断开	检查按钮 SB6、SB7 接线是否良好；检查接触器 KM4、KM5 能否吸合，接触良好；检查油路情况
摇臂升降限位保护开关失灵	组合开关 SQ1 接触不良	检查组合开关 SQ1 是否接触不良；检查组合开关 SQ1 是否损坏或失灵

11.4 检查与评定

见表 11-2、表 11-3。

表 11-2 钻床电气控制线路维修评定表

序号	完成情况（10-9-7-5-0 分）	评估		
		学生	组长	老师
1	钻床电气控制线路的维修			
2	存档			
3	总分			

表 11-3　钻床电气控制线路维修评分表（60 分钟内完成）

评分标准	配分	扣分
1. 排除故障前不进行调查研究扣 1～4 分(报告)	4	
2. 错标或标不出故障范围，每个扣 3 分	6	
3. 不能标出最小的故障范围，每个扣 2 分	4	
4. 每少查出一处故障点扣 3 分（报告）	6	
5. 每少排除一处故障点扣 3 分	6	
6. 排除故障方法不正确，每处扣 3 分	6	
7. 修复后通电检查不成功，每次扣 5 分（报告）	10	
8. 复原线路工艺不规范扣 1～3 分	3	
9. 损坏设备及元件者每个扣 3 分，严重者取消考试资格		

练习 11

① 钻床电气控制线路维修前的准备工作有哪些?

② 钻床电气控制线路维修的质量标准有哪些?

③ 钻床电气控制线路维修的要求是什么?

④ 钻床电气控制线路维修的基本操作步骤有哪些?

⑤ 简述钻床电气控制线路的维修方法。

项目 12 M7120 型平面磨床电气控制电路的维修

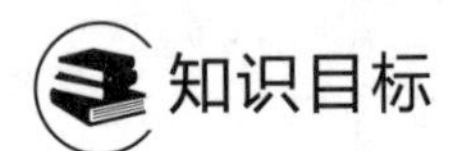

知识目标

M7120 型平面磨床的用途。
M7120 型平面磨床结构与功能。
M7120 型平面磨床维修前的准备工作。
M7120 型平面磨床电气控制电路维修的基本操作步骤。
M7120 型平面磨床电气控制电路的工作原理。

重点突破

M7120 型平面磨床电气控制电路的维修方法。
M7120 型平面磨床电气控制电路故障快速排除方法。

12.1 任务导入

识读和分析 M7120 型平面磨床电气控制电路电气原理图，了解本项目电气原理图的结构组成；根据 M7120 型平面磨床电气控制电路电气原理图，正确无误地进行电路故障维修。

12.2 相关知识

12.2.1 M7120 型平面磨床动作要求

1）M7120 型平面磨床的结构　平面磨床系指用砂轮磨削加工各种零件的平面表面的机床。M7120 型平面磨床常用来对零件淬硬表面做磨削加工。M7120 型平面磨床操作方便，磨削加工精度高，表面粗糙度小，应用广泛，适用于磨削精密零件和各种工具，并且可以做镜面磨削。

M7120 型平面磨床外形如图 12-1 所示，主要由床身、工作台、电磁吸盘、砂轮箱、滑座、立柱等部分组成。在箱形床身 1 中装有液压传动装置，以使矩形工作台在床身导轨上通过压力油推动活塞杆做往复运动。工作台往复运动的换向是通过换向撞块碰撞床身上的液压换向开关来实现的，工作台往复行程可通过调节撞块的位置来改变。电磁吸盘安装在工作台上，用来吸持工件。在床身上固定有立柱，沿立柱导轨上装有滑座，可以在立柱导轨上做上下移动，并可通过垂直进刀操作轮操纵，砂轮箱可沿滑座水平轨做横向移动。

2）M7120 型平面磨床的控制要求

① 砂轮电机、液压泵电动机和冷却泵电动机只要求单方向旋转，砂轮升降电动机要求能实现正反双向旋转，由于 3 台电机容量都不大，可采用直接启动。

② 冷却泵要求在砂轮电机启动后才能启动。

③ 电磁吸盘要有充磁去磁控制电路，在电磁吸力不足时机床停止工作。

④ 具有完善的保护环节，即各电路的短路保护和电机的长期过载、零压、欠压保护。

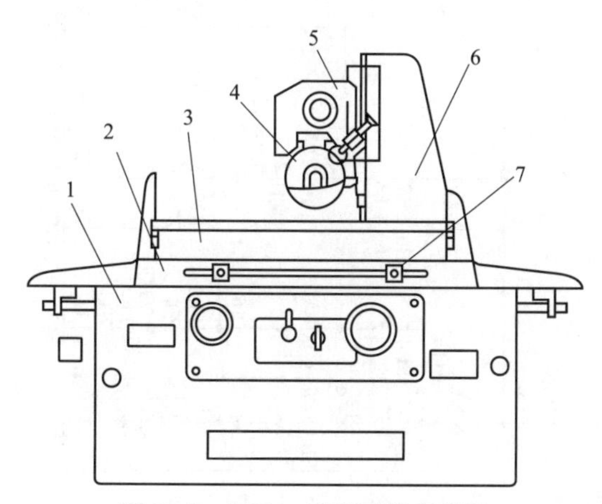

图 12-1 M7120 型平面磨床外形

1—床身；2—工作台；3—电磁吸盘；4—砂轮箱；5—滑座；6—立柱；7—撞块

3）M7120 型平面磨床运动形式

① 主运动 砂轮的旋转运动。

② 进给运动 包括垂直进给运动、横向进给运动和纵向进给运动。

垂直运动：滑座在立柱上的上下移动

横向运动：砂轮箱在滑座上的水平移动。

纵向运动：工作台沿床身导轨的往复运动。

12.2.2 M7120 型平面磨床电气控制

图 12-2 是 M7120 型平面磨床的电气控制原理。

（1）主电路

主电路有 4 台电动机。M1 为液压泵电动机，由 KM1 控制。M2 为砂轮电动机，

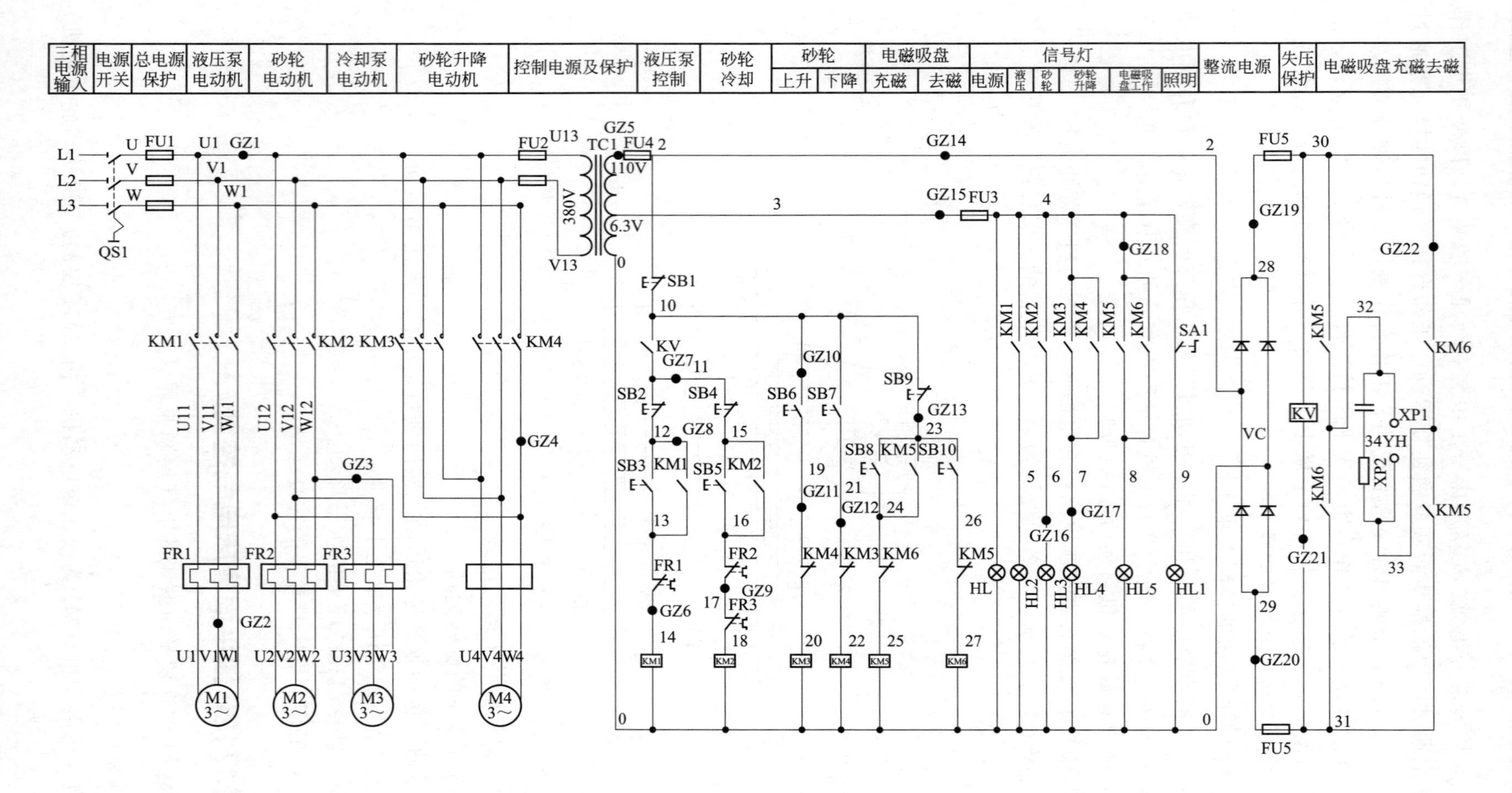

图 12-2　M7120 型平面磨床的电气控制原理

注：本图中标大点处为故障设置的具体位置。共 22 处，都为断路故障设置。

由 KM2 控制。M3 为冷却泵电动机，在砂轮启动后同时启动。M4 为砂轮箱升降电动机，由 KM3、KM4 分别控制其正转和反转。

(2) 指示、照明电路

将电源开关 QS 合上后，控制变压器输出电压，“电源”指示 HL 亮，“照明”灯由开关 SA 控制，将 SA 闭合照明灯亮，将 SA 断开照明灯灭。

(3) 液压泵电机和砂轮电机的控制

合上开关后控制变压器输出的交流电压经桥式整流变成直流电压，使继电器 KV 吸合，其触头（4～0）闭合，为液压泵电动机和砂轮电机启动作好准备。按下按钮 SB2，KM1 吸合，液压泵电动机运转，按下按钮 SB1，KM1 释放，液压泵电动机停止。

按下按钮 SA4，KM2 吸合，砂轮电动机启动，同时冷却泵电动机也启动，按下按钮 SB5，KM2 释放，砂轮电动机、冷却泵电动机均停止，当欠压零压时，KV 不能吸合，其触头（4～0）断开，KM1、KM2 断开，M1、M2 停止工作。

(4) 砂轮升降电动机的控制

砂轮箱的升和降都是点动控制，分别由 SB5、SB6 来完成。按下 SB5，KM3 吸合，砂轮开降电动机正转，砂轮箱上升，松开 SB5，砂轮开降电动机停止。

(5) 充磁控制

按下 SB8，KM5 吸合并自锁，其主触头闭合，电磁吸盘 YH 线圈得电进行充磁并吸住工件，同时其辅助触头 KM5（16～1）断开，使 KM6 不可能闭合。

(6) 退磁控制

在磨削加工完成之后，按下 SB7，切断电磁吸盘 YH 上的直流电源，由于吸盘和工件上均有剩磁，因此要对吸盘和工件进行去磁。按下点动按钮 SB9，接触器 KM6 吸合，其主触点闭合，电磁吸盘通入反向直流电流，使吸盘和工件去磁。在去磁时，为防止因时间过长而使工作台反向磁化，再次将工件吸住，去磁控制采用点动控制。

12.3 任务实施

(1) 实训准备

1）熟悉并且掌握 M7120 平面磨床的控制电路电气动作原理。

2）查看各元件上的接线是否紧固，各熔断器是否安装良好。

3）独立安装好接地线，设备下方垫好绝缘垫，将各开关置分断位置。

4）插上三相电源。

(2) 运行操作

参看电路原理图，按下列步骤进行电气模拟操作运行。

1) 将装置左侧的总电源开关合上，按下主控电源板的启动按钮。

2) 合上断路器 QS，“电源”指示灯亮，表示控制变压器已有输出。

3) 照明控制，将开关 SA 旋到“开”位置，“照明”指示灯亮，旋到“关”位置，“照明”指示灯灭。

4) 液压泵电动机的控制。按下 SB2，KM1 吸合并自锁，液压泵电动机转动，同时 HL2 灯亮。按下 SB1，KM1 释放，液压泵电动机停止，同时 HL2 灯灭。

5) 砂轮电动机和冷却泵电动机的控制。按下 SB4，KM2 吸合并自锁，砂轮电动机和冷却泵电动机同时转动，按下 SB3，KM2 断开，砂轮电动机、冷却泵电动机均停止，HL3 灯亮和灭表示启动和停止。

6) 砂轮升降电动机控制。按下 SB5，KM3 吸合，砂轮升降电动机正向转动，HL4 灯亮。松开 SB5，KM3 断开，砂轮电动机停止，HL4 灭。按下 SB6，KM4 吸合，砂轮电动机反向转动，HL5 亮。松开 SB6，KM4 断开，砂轮电动机停止，HL5 灭。

7) 充磁退磁控制。电磁吸盘由白炽灯模拟充磁：按下 SB8，KM5 吸合并自锁，电磁吸盘 YH 通电工作灯发光，“充磁”指示亮。按下 SB7，KM5 断开，电磁吸盘断电灯灭“充磁”指示灭。按下 SB9，KM6 吸合电磁吸盘通入反向直流电，“退磁”指示亮。松开 SB9，KM6 释放，“退磁”指示灯灭。

(3) 故障处理

设置故障、检查故障和排除故障的训练如下：

GZ1 故障开关串接在主线路中，断开此开关，控制变压器无电源输入，控制线路无法工作。

GZ2 故障开关串接在液泵电动机的一根相线上，断开此开关，液压泵电机 M1 缺相。

GZ3 故障开关串接在冷却泵电动机的一根相线上，断开此开关，冷却泵电机 M3 无法正常运行。

GZ4 故障开关串接在砂轮升降电动机 M4 的一根相线上，断开此开关，升降电机下降时因缺相而异常。

GZ5 故障开关串联在 110V 总控制线路 1 号线上，断开此开关，控制线路无法工作。

GZ6 故障开关串接在 KM1 控制线圈上，断开此开关，按 SB3 液压泵无法启动。

GZ7 故障开关串接在砂轮冷却泵电动机控制线路 11 号线上，断开此开关，按 SB5 砂轮冷却泵电机无法启动。

GZ8 故障开关串接在 KM1 自锁点线路上，断开此开关，液压泵启动后无法自锁。

GZ9 故障开关串接在 KM2 控制线圈线路中，断开此开关，砂轮冷却泵电动机无法启动。

GZ10 故障开关串接在砂轮上升控制按钮 SB6 线路上，断开此开关，砂轮无法上升。

GZ11 故障开关串接在砂轮上升控制线路 KM3 上，断开此开关，砂轮无法上升。

GZ12 故障开关串接在砂轮下降的 KM4 控制线圈线路中，断开此开关，砂轮不能下降。

GZ13 故障开关串接在充去磁控制开关 SB9 上，断开此开关，电磁吸盘充去磁无法进行。

GZ14 故障开关串接在桥式整流输入端，断开此开关，桥式整流桥无交流输入。

GZ15 故障开关串接在变压器次线圈输出 3 号线上，断开此开关，所有信号灯不亮。

GZ16 故障开关串接在砂轮电机指示灯电路上，断开此开关，砂轮电机指示灯 HL3 不亮。

GZ17 故障开关串接在砂轮升降电机指示灯电路上，断开此开关，砂轮升降电机指示灯 HL4 不亮。

GZ18 故障开关串接在吸盘指示灯电路上，断开此开关，电磁吸盘指示灯不亮。

GZ19 故障开关串联在桥式整流正输出端上，断开此开关，桥式整流桥无直流正电源输出。

GZ20 故障开关串联在桥式整流负输出端上，断开此开关，桥式整流桥无直流负电源输出。

GZ21 故障开关串联在电压继电器线路上，断开此开关，电压继电器作用失效。

GZ22 故障开关串接在 KM6 常开点处，断开此开关，电磁吸盘无法去磁。

M7120 型平面磨床电气控制电路常见故障分析维修见表 12-1。

表 12-1　M7120 型平面磨床电气控制电路常见故障分析维修

故障现象	故障点	故障分析
四台电动机都不能启动	熔断器熔断或热继电器动作	检查熔断器 FU1 是否熔断；检查热继电器 FR1、FR2、FR3 是否动作；检查按钮开关接触是否良好
电动机 M2 和 M3 不能启动	热继电器 FR2 脱扣动作	检查是否热继电器 FR2 脱扣，KM2 不能吸合，M2 不能启动导致 M3 不能启动
冷却泵电动机不能启动	熔断器熔断或热继电器动作	检查熔断器 FU1 是否熔断；检查热继电器 FR1 是否动作，KM1 接触器的触点是否损坏，M1 是否烧坏
电磁吸盘吸力不足	电磁吸盘损坏或者整流器输出电压不正常	检查是否电磁吸盘的线圈损坏或者接线头脱落；检查整流器输出电压是否正常
电磁吸盘上工件取下困难	电磁吸盘退磁不良	检查吸盘退磁电路是否正常，检查接触器触头和退磁电阻是否良好，检查退磁时间设定范围是否合适

12.4 检查与评定

见表 12-2、表 12-3。

表 12-2 M7120 型平面磨床电气控制线路的维修检查表

序号	完成情况(10-9-7-5-0 分)	评估		
		学生	组长	老师
1	M7120 型平面磨床电气控制线路的维修			
2	存档			
3	总分			

表 12-3 M7120 型平面磨床电气控制线路的维修评分表（60 分钟内完成）

评分标准	配分	扣分
1. 排除故障前不进行调查研究扣 1～4 分(报告)	4	
2. 错标或标不出故障范围，每个扣 3 分	6	
3. 不能标出最小的故障范围，每个扣 2 分	4	
4. 每少查出一处故障点扣 3 分(报告)	6	
5. 每少排除一处故障点扣 3 分	6	
6. 排除故障方法不正确，每处扣 3 分	6	
7. 修复后通电检查不成功，每次扣 5 分(报告)	10	
8. 复原线路工艺不规范扣 1～3 分	3	
9. 损坏设备及元件者每个扣 3 分，严重者取消考试资格		

练习 12

① M7120 型平面磨床电气控制电路维修前的准备工作有哪些？

② M7120 型平面磨床电气控制电路维修质量标准有哪些？

③ M7120 型平面磨床电气控制电路维修的要求是什么？

④ M7120 型平面磨床电气控制电路维修的基本操作步骤有哪些？

⑤ 简述 M7120 型平面磨床电气控制电路的维修方法。

可编程控制器基础

知识目标

可编程控制器的定义。
可编程控制器的结构及特点。
可编程控制器的主要硬件和软件。

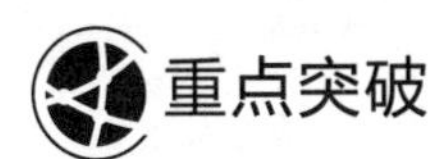

重点突破

可编程控制器结构特点。
可编程控制器电气控制电路连接及其编程方法。

13.1 任务导入

了解可编程控制器结构组成，识读输入接口电路图，掌握可编程控制器的输入点数；识读输出接口电路图，掌握可编程控制器的输出点数；掌握可编程控制器的输入/输出端子编号、功能、作用，进行可编程控制器电气控制电路连接。

13.2 相关知识

(1) 可编程控制器的功能及类型

国际电工委员会（IEC）标准草案中对可编程控制器的定义是“可编程控制器是一种数字运算操作的电子系统，专为在工业环境下应用而设计。”可编程控制器（PLC）采用面向用户的指令，能方便地完成逻辑运算、顺序控制、定时计算和计数操作、数字量和模拟量输入输出控制。可编程控制器广泛应用在工业自动化方面，可以进行顺序控制、运动控制、过程控制、数据处理和通信等自动控制。

可编程控制器通常有单元式、模块式和叠装式的结构。其特点是可靠性高，抗干扰能力强；控制程序编程简单，使用方便，更改便捷；功能完善，组合灵活；体积小，重量轻。

可编程控制器的工作过程按照周期循环扫描方式进行，按输入处理、程序处理和输出处理三个阶段进行工作。

可编程控制器品种较多，型号各异，编程指令不通用，学习使用可编程控制器有一定的难度。目前常用的国外大中型可编程控制器主要有德国的西门子（SIEMENS）公司、AEG公司，法国的TE公司，美国的A-B公司、通用电气（CE）公司、德州仪器（TI）公司等厂商的产品。小型可编程控制器主要有日本的三菱、欧姆龙、松下、日立、东芝等厂商的产品。我国自主研发的可编程控制器有GK-40、CYK-40 、CF-40 、KB-20/40 、DKK02 、DJK-S-84/86/480 、KKI系列等。图13-1是FX系列三菱可编程控制器。

图13-1 三菱FX3u可编程控制器

(2) 可编程控制器的电气控制功能

可编程控制器内部硬件主要由CPU模块、输入模块、输出模块、编程器和电源等组成。可编程控制器内部软件主要由系统监控程序和用户程序组成。工业电气控制应用可编程控制器，是将工业电气控制系统的逻辑关系，以程序指令的形式存放在可编程控制器的存储器中，再通过执行可编程控制器存储器的程序指令，实现工业电气系统控制。

工业电气控制系统中，可编程控制器的输入部分接收电气设备的操作指令和电气设备的状态信息，例如按钮开关信号，限位开关信号，光电开关信号，继电器辅助触点信号，接触器辅助触点信号，各种位置传感器、电感应、磁感应、热电偶以及磁敏、压敏、光敏、力敏、热敏、气敏信号等。可编程控制器的输出部分将可编程控制器输出的控制信号转换为驱动负载的信号，例如输出控制电气设备的指示信号灯、各种警报器、接触器线圈、继电器线圈、电磁阀线圈、电磁开关、微型电动机等。

13.3　任务实施

以三菱可编程控制器为例来熟悉可编程控制器的硬件结构。根据可编程控制器的型号及其意义，掌握可编程控制器单元、输入点数、输出点数、输出形式，根据可编程控制器使用说明手册及相关的技术参数，正确设计和选择可编程控制器类型；熟悉可编程控制器输入部分和输出部分的端子结构，包括输入端、输入公共端、输出端、输出公共端、正电源端、负电源端、外接电源端、负载连接端、接地端等；熟悉可编程控制器运行控制的显示、监视信号，通过显示、监视信号来判断程序运行情况、运行故障、系统故障。

图 13-2 为可编程控制器输入部分和输出部分的电路原理，可以结合实际情况选取可编程控制器的具体型号和输入/输出接口电路，然后选取外接电源的类型、负载连接的方式。熟悉可编程控制器输入部分和输出部分的电路原理，通过具体的输入端接口电路、输出端接口电路分析可编程控制器运行情况，结合实际情况进行可编程控制器的系统调校和故障维修。

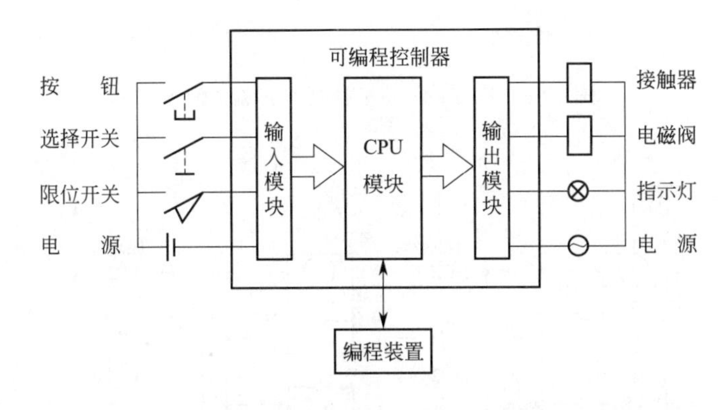

图 13-2　可编程控制器输入、输出部分的电路原理

可编程控制器通过输入/输出接口端子与外部的电气设备功能器件进行连接，连接线路要按照电路原理图进行，并且要分清楚强电部分、弱电部分、信号部分、驱动部分，尤其是输出公共端、正电源端、负电源端、外接电源端、负载连接端等；再根据电路原理图进行接线，接线时禁止不同等级的电源混接，避免造成事故。例如开关量输入/输出接口电路：开关量输入接口电路有直流输入接口电路、交直流输入接口电路、交流输入接口电路；开关量输出接口电路有直流输出（晶体管）接口电路、交直流输出（继电器）接口电路、交流输出（晶闸管）接口电路。输出端和输出公共端是三段的，可以提供三种不同电源输出控制，那么接线时就要严格分清楚不同等级的电源公共端，分别控制不同的负载。如进行步进电机电气控制，可编程控制器的输出接口电路就要选择交流输出（晶闸管）接口电路类型的，才可以满足步进电机电气控制的精度要求。

图 13-3、图 13-4 是 FX3u-48 端子排列。

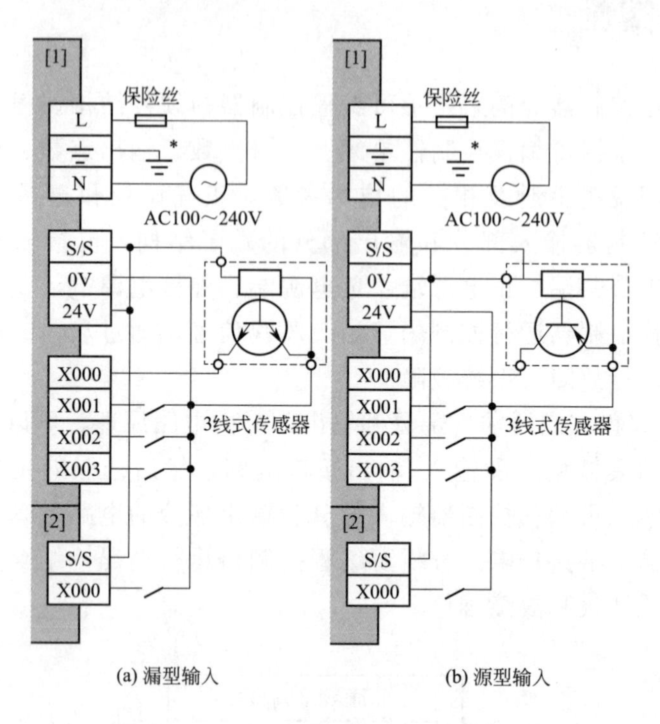

(a) 漏型输入 (b) 源型输入

图 13-3 FX3u-48 端子排列（交流电源型）

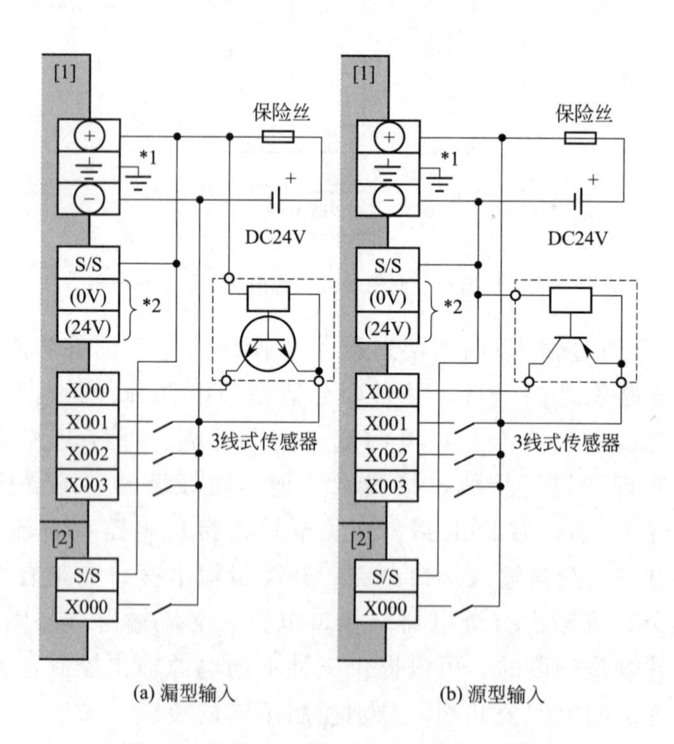

(a) 漏型输入 (b) 源型输入

图 13-4 FX3u-48 端子排列（直流电源型）

要求熟悉端子排列顺序、各个端子的功能、输入端子、输出端子、电源端子、公共端端子及接地端子等。

13.4 检查与评定

1）可编程控制器的接口电路及实训　识读输入接口电路图，熟悉可编程控制器的输入点数；识读输出接口电路图，熟悉可编程控制器的输出点数；熟悉可编程控制器的输入/输出端端子编号、功能、作用；熟悉可编程控制器的公共端端子编号、功能、作用。

2）可编程控制器的连接线路及实训　按照电路图，进行电气信号采集和可编程控制器的输入端子连接；按照电路图，进行电气驱动器件和可编程控制器的输出端子连接；按照电路图，进行电气控制系统和可编程控制器的输入/输出端子连接，并且熟练进行操作。

检查评定表见表 13-1。

表 13-1 可编程控制器的接口电路及实训检查评定表

序号	完成情况（10-9-7-5-0 分）	评估		
		学生	组长	老师
1	可编程控制器的接口电路的识别和接线			
2	存档			
3	总分			

练习 13

① 简述可编程控制器的端子排列。
② 简述可编程控制器的接口电路。
③ 简述电气控制系统的输入状态信号。
④ 简述可编程控制器的连接线路基本操作步骤。

可编程控制器编程基础

知识目标

可编程控制器的软件。

可编程控制器的编程指令。

简述可编程控制器的程序输入操作步骤。

简述可编程控制器的程序修改步骤。

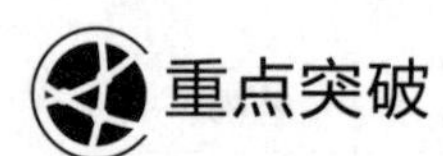

可编程控制器梯形图和指令表的编程基本方法。

应用可编程控制器进行电气控制电路编程。

14.1 任务导入

识读和分析可编程控制器电气控制电路梯形图；根据可编程控制器梯形图和应用指令表编制程序。

14.2 相关知识

14.2.1 可编程控制器的基本逻辑指令

以三菱可编程控制器为例，熟悉可编程控制器的基本逻辑指令系统。

逻辑指令符号如下。

触点起始/输出线圈指令：取指令 LD，取反指令 LDI，线圈输出 OUT。

触点串联/并联指令：与指令 AND，与非指令 ANI，或指令 OR，或非指令 ORI。

电路块串/并联指令：或块指令 ORB，与块指令 ANB。

堆栈/主控触点指令：进栈指令 MPS，读栈指令 MRD，出栈指令 MPP，主控指令 MC，主控复位指令 MCR。

置位/复位指令：置位指令 SET，复位指令 RST。

微分指令置位指令：上升沿脉冲指令 PLS，下降沿脉冲指令 PLF。

取反指令 INV。

空操作指令 NOP。

程序结束指令 END。

基本指令功能如表 14-1 所示。

表 14-1 可编程控制器的基本指令功能

名称	助记符	目标元件	说明
取指令	LD	X、Y、M、S、T、C	常开触点逻辑运算起始
取反指令	LDI	X、Y、M、S、T、C	常闭触点逻辑运算起始
线圈驱动指令	OUT	Y、M、S、T、C	驱动线圈输出
与指令	AND	X、Y、M、S、T、C	单个常开触点串联
与非指令	ANI	X、Y、M、S、T、C	单个常闭触点串联
或指令	OR	X、Y、M、S、T、C	单个常开触点并联
或非指令	ORI	X、Y、M、S、T、C	单个常开触点并联
或块指令	ORB	无	串联电路块的并联连接
与块指令	ANB	无	并联电路块的串联连接
取反指令	INV	无	将运算结果取反
定时器	T	T0～T199	100ms 通用定时器
		T200～T245	10ms 通用定时器
		T246～T249	1ms 积算定时器
		T250～T255	100ms 积算定时器
计数器	C	C0～C199	16 位加计数器
		C200～C234	32 位加/减计数器
主控指令	MC	Y、M	公共串联接点的连接
主控复位指令	MCR	Y、M	MC 的复位
置位指令	SET	Y、M、S	使动作保持
复位指令	RET	Y、M、S、D、V、Z、T、C	使操作保持复位
进栈指令	MPS	无	记忆到 MPS 指令为止的状态
读栈指令	MRD	无	读出用 MPS 指令记忆的状态
出栈指令	MPP	无	读出用 MPS 指令记忆的状态，并清除这些状态
上升沿脉冲指令	PLS	Y、M	输入信号上升沿产生脉冲输出
下降沿脉冲指令	PLF	Y、M	输入信号下降沿产生脉冲输出
空操作指令	NOP	无	使步序做空操作
程序结束指令	END	无	使程序结束

14.2.2 可编程控制器的编程基本规则和技巧

（1）编制程序的基本规则

输入继电器、输出继电器、辅助继电器、计数器、计时器的触点可以多次重复使用。

梯形图自左边母线开始，触点不能放在线圈的右边母线，线圈接在右边母线，线圈不能直接接在左边母线。

同一编号的线圈在一个程序中应避免重复使用。

梯形图必须符合顺序执行的原则，按从左到右、从上到下的顺序，不符合顺序执行的电路不能直接编程。

在梯形图中串联触点和并联触点的建议使用次数：在串联触点一行不超过10个，并联连接次数不超过24行。

两个或两个以上的线圈可以并联输出，但是连续输出总共不超过24行。

(2) 编制程序的基本技巧

串联触点较多的电路画在梯形图的上方。

触点并联电路画在梯形图的左方。

并联线圈电路，分支点到线圈之间无触点的，线圈放在上方。

不能直接对桥式电路编程，必须通过逻辑关系不变的等效电路才能编程。

复杂电路的处理，可以重复使用一些触点，画出它们的等效电路，然后再进行编程。

14.3 任务实施

14.3.1 可编程控制器编程基本方法

编程步骤：

根据任务要求画出电路原理图；

设计I/O接线图；

整理出I/O分配表；

画出梯形图；

编制程序指令表；

输入程序指令到可编程控制器；

按照设计好的I/O接线图接线；

利用可编程控制器的运行开关进行模拟调试；

在模拟调试的基础上进行带载运行；

观察控制过程，总结规律，写出实训报告。

(1) 应用计算机编程软件编制程序

SWOPC-FXGP/WIN-C是FX系列可编程控制器的编程应用软件，它可以在Windows系统环境下运行。可以通过梯形图、指令表及顺序功能图编写可编程控制器的应用程序；可以在串行系统中创建程序与可编程控制器进行通信、文件传送、操作监控、操作测试等；可以建立注释数据、设置寄存器数据、存储文件、打印输出等。运行SWOPC-FXGP/WIN-C编程软件步骤如下：

① 进入编程软件界面；

② 新建一个用户程序；

③ SWOPC-FXGP/WIN-C 窗口组成；

④ 编辑梯形图程序；

⑤ 编辑指令表程序。

(2) 程序的录入

用梯形图键盘录入法进行程序录入：

新建一个文件，进入梯形图编程窗口；

在梯形图编辑区定位光标，在指令输入对话框中输入指令操作；

按下回车键，指令中的触点显示在梯形图编辑区；

继续输入指令；

直到完成输入指令操作，输入结束指令；

单击“工具”栏菜单中的“转换”命令完成转换操作。

用梯形图快捷键录入法进行程序录入：

新建一个文件，进入梯形图编程窗口；

在梯形图编辑区以及状态栏的下端分别看到一个快捷键菜单和快捷键栏；

单击快捷键栏中的图形，弹出“输入元件”对话框；

定位光标后，在对话框输入元件名；

单击确认键，指令中的元件名触点显示在梯形图编辑区；

继续输入指令；

直到完成输入指令操作，输入结束指令；

单击快捷键菜单中的 CNV 标号，对梯形图进行转换操作，完成程序的输入。

(3) 程序的调试

1) 传送程序　程序录入后进行传送操作，程序传送到可编程控制器，单击“PLC”菜单栏中的“遥控运行/停止”命令，弹出遥控运行/停止对话框，在对话框中选择“中止”选项，单击“确认”按钮完成操作。

2) 写入程序　依次单击“PLC”菜单栏中的“传送”—“写入”，弹出 PLC 程序写入对话框，在对话框中选择“范围设置”选项，设置要写入 PLC 的程序范围，通常程序范围大于要调试的程序步。

3) 运行程序　写入程序后，将 PLC 选择开关置于“RUN”状态，程序即可以运行。

4) 调试程序　将 PLC 与外围设备连接，通过外围设备的输入点设置，来控制输出点，实现电气设备的自动控制功能。也可以通过编程软件的设置来调试程序。在程序调试时，如有错误，可修改梯形图，并转换指令表，再将程序写入到 PLC 后进行调试，直到实现电气设备的自动控制功能为止。

5) 运行监控　程序运行，可对 PLC 运行状态进行监控，通常的监控有梯形图监控和元件监控两种方式。

14.3.2 简单电气控制程序编制

(1) 与或非逻辑功能实训

实训步骤：首先应根据与或非逻辑功能，分配输入点 X0、X1、X2 和输出点 Y0、Y1，Y2；再进行程序编制；输入程序后，连接输入开关 X0、X1、X2；连接输出指示灯 Y0、Y1，Y2；通电运行，观察输入开关 X0、X1、X2 与输出指示灯 Y0、Y1、Y2 之间是否符合与、或、非逻辑的逻辑关系。

与或非逻辑输入/输出状态见表 14-2。

表 14-2 与或非逻辑输入/输出状态

逻辑功能	输入端	状态	输出端	状态
与逻辑	X0、X1	同时按下	Y0	输出灯亮
		单独按下	Y0	输出灯不亮
或逻辑	X2、X1	同时按下	Y1	输出灯亮
		单独按下	Y1	输出灯亮
非逻辑	X2	不按	Y2	输出灯亮
	X3	不按	Y2	输出灯亮

与或非逻辑梯形图参考程序如下。

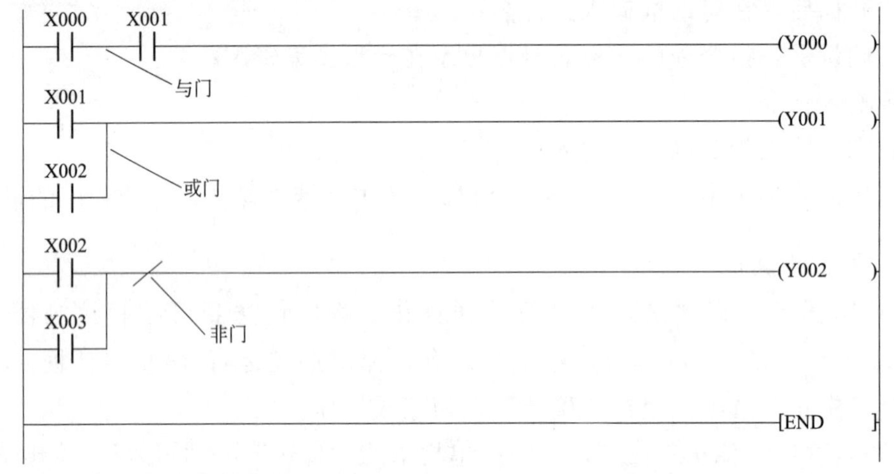

(2) 计时器功能实训

实训步骤：首先应根据计时器功能，分配输入点 X0、X1 和计时器 T0～T200；再进行程序编制；输入程序后，连接输入开关 X0、X1；连接输出指示灯 Y0 或 Y1；通电运行，观察输入开关 X0、X1 与输出指示灯 Y0、Y1 之间是否符合计时器的逻辑关系。

通用定时器输入/输出状态见表 14-3。

表 14-3 通用定时器输入/输出状态

逻辑功能	输入端	状态	输出端	状态
与逻辑	X0	单独按下	Y0	输出灯不亮
计时器逻辑	T200	自动延时 1.23s	Y0	输出灯亮

通用定时器参考程序如下。

* 如果定时器线圈 T200 的驱动输入 X000 为 ON，
* T200 用当前值计数器累计 10ms 的时钟脉冲。
* 如果该值等于设定值 K123 时，定时器的输出触点动作，
* 驱动输入 X000 断开或停电，定时器复位，输出触点复位。
*〈设定值常数可用数据积存器指定〉

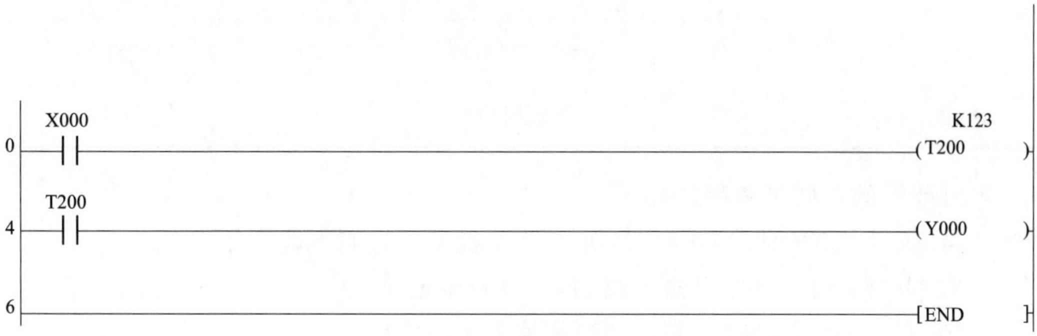

```
    X000                                              K123
0 ──┤├────────────────────────────────────────────(T200   )
    T200
4 ──┤├────────────────────────────────────────────(Y000   )
6 ────────────────────────────────────────────────[END    ]
```

计算定时器输入/输出状态见表 14-4。

表 14-4　计算定时器输入/输出状态

逻辑功能	输入端	状态	输出端	状态
与逻辑	X1	单独按下	Y1	输出灯不亮
计时器逻辑	T250	自动延时 34.5s	Y1	输出灯亮
	X2	计时器复位	T250	计时器恢复为 0

计算定时器参考程序如下。

* X1 的常开触点接通时，T250 的当前值计数器对 100ms 时钟脉冲进行累加计数。
* 当前值等于设定值 345 时，定时器的常开触点接通，常闭触点断开。
* X1 的常开触点断开或停电时停止定时，当前值保持不变。
* X1 的常开触点再次接通或复电时继续定时，
* 累计时间为 34.5s 时，T250 的触点动作，X2 的常开触点接通时 T250 复位。

```
    X001                                              K345
0 ──┤├────────────────────────────────────────────(T250   )
    T250
4 ──┤├────────────────────────────────────────────(Y001   )
    X002
6 ──┤├───────────────────────────────────[RST     T250   ]
9 ────────────────────────────────────────────────[END    ]
```

定时范围的扩展输入/输出状态见表 14-5。

表 14-5 定时范围的扩展输入/输出状态

逻辑功能	输入端	状态	输出端	状态
计时器逻辑	X2	单独按下	Y0	输出灯不亮
	T0	自动延时 60s	Y0	输出灯不亮
计数器逻辑	C0	计数器 60	Y0	输出灯亮

定时范围的扩展参考程序如下。

* 当 X2 为 OFF 时，T0 和 C0 处于复位状态，它们不能工作。
* X2 为 ON 时，其常开触点接通，T0 开始定时。
* 60s 后 T0 的定时时间到，其当前值等于设定值。
* 它的常闭触点断开，使它自己复位，复位后 T0 的当前值变为 0。
* 同时它的常闭触点接通，使它自己的线圈重新通电，又开始定时。

```
     X002   T0                                        K600
 0 ──┤ ├────┤/├───────────────────────────────────────( T0     )
     X002
 5 ──┤/├──────────────────────────────────[RST        C0       ]
     T0                                               K60
 8 ──┤ ├──────────────────────────────────────────────(C0      )
     C0
12 ──┤ ├──────────────────────────────────────────────(Y000    )

14 ───────────────────────────────────────────────────[END     ]
```

（3）计数器功能实训

实训步骤：首先应根据计数器功能，分配输入点 X10、X11 和计数器 C0～C200；再进行程序编制；输入程序后，连接输入开关 X10、X11，连接输出指示灯 Y0 或 Y1；通电运行，观察输入开关 X010、X011 与输出指示灯 Y0 或 Y1 之间是否符合计数器的逻辑关系。

16 位加计数器输入/输出状态见表 14-6。

表 14-6　16 位加计数器输入/输出状态

逻辑功能	输入端	状态	输出端	状态
与逻辑	X11	单独按下	Y0	输出灯不亮
计数器逻辑	C0	自动计数 9	Y0	输出灯亮
	X10	单独按下	C0	计数器恢复 0

16 位加计数器参考程序如下。

* 内部计数器。

* X10 的常开触点接通后，C0 被复位，它对应的位存储单元被置 0，它的常开触点断开，常闭触点接通，同时其计数当前值被置为 0。

* X11 用来提供计数输入信号，当计数器的复位输入电路断开。

* 计数输入电路由断开变为接通时，计数器的当前值加 1。

* 在 9 个计数脉冲之后，C0 的当前值等于设定值 9。

* 它对应的位存储单元的内容被置 1，其常开触点接通，常闭触点断开。

* 再来计数脉冲时当前值不变，直到复位输入电路接通。

* 计数器的当前值被置为 0。

```
     X010
0 ──┤├──────────────────────────────[RST    C0    ]
     X011                                   K9
3 ──┤├──────────────────────────────(C0           )
     C0
7 ──┤├──────────────────────────────(Y000         )

9 ──────────────────────────────────[END          ]
```

32 位加减计数器输入/输出状态见表 14-7。

表 14-7 32 位加减计数器输入/输出状态

逻辑功能	输入端	状态	输出端	状态
与逻辑	X12	单独按下	M8200	减计数器
与逻辑	X14	单独按下	Y1	输出灯不亮
计数器逻辑	C200	自动计数 5	Y1	输出灯亮
计数器逻辑	X13	单独按下	C200	计数器恢复 0

32 位加减计数器参考程序如下。

* M8200 为 ON 时为减计数，反之为加计数。

* 程序中 C200 的设定值为 5，在加计数时，若计数器的当前值由 4→5，计数器的输出触点 ON。

* 当前值由 5→4 时，输出触点 OFF，当前值≤4 时，输出触点仍为 OFF。

```
    X012
0 ──┤├──────────────────────────────────(M8200    )
    X013
3 ──┤├──────────────────────────────────[RST  C200 ]
    X014                                        K5
6 ──┤├──────────────────────────────────(C200     )
    C200
12──┤├──────────────────────────────────(Y001     )

14──────────────────────────────────────[END      ]
```

14. 4 检查与评定

1）可编程控制器梯形图编程基本方法实训

2）可编程控制器指令表编程基本方法实训

检查评定表见表 14-8。

表 14-8 可编程控制器梯形图、指令表的绘制实训检查评定表

序号	完成情况（10-9-7-5-0 分）	评估		
		学生	组长	老师
1	可编程控制器的梯形图、指令表的绘制			
2	存档			
3	总分			

练习 14

① 可编程控制器的编程方法有哪些?

② 可编程控制器梯形图及与或非逻辑指令有哪些?

③ 可编程控制器梯形图及计时器、计数器应用指令有哪些?

④ 可编程控制器梯形图、指令表的绘制基本操作步骤有哪些?

电动机正反转电路编程

知识目标

三相异步电动机的正反转运行控制电路编程步骤。

三相异步电动机的正反转运行控制电路程序的调试步骤。

重点突破

可编程控制器控制三相异步电动机正反转控制电路编程基本方法。

可编程控制器控制三相异步电动机正反转控制电路安装调试方法。

15.1 任务导入

识读和分析可编程控制器控制三相异步电动机的正反转控制电路，编制梯形图并且进行程序输入，正确无误地进行电路的安装调试。

15.2 相关知识

用 PLC 对三相异步电动机双重互锁正反转控制电路进行改造，电路如图 15-1 所示。

PLC 的输入、输出端子，电源和元件的安装连接如图 15-2 所示。

三相异步电动机双重互锁正反转控制电路工作原理：按启动按钮 SB1，交流接触器 KM1 线圈吸合，电动机做正转启动，按启动按钮 SB2，交流接触器 KM2 线圈吸合，电动机做反转启动；在电动机正转时，接触器 KM2 辅助触点和按钮 SB2 常闭触点串联互锁不能反转启动，形成接触器触点和按钮触点双重互锁；在电动机反转时，接触器 KM2 吸合，电动机做反转启动，接触器 KM1 辅助触点和按钮 SB1 常闭触点串联互锁不能正转启动，形成接触器触点和按钮触点双重互锁；如需切换，应首先按下停止按钮 SB3，电动机停止运行，电动机处于停止工作状态，才可对其

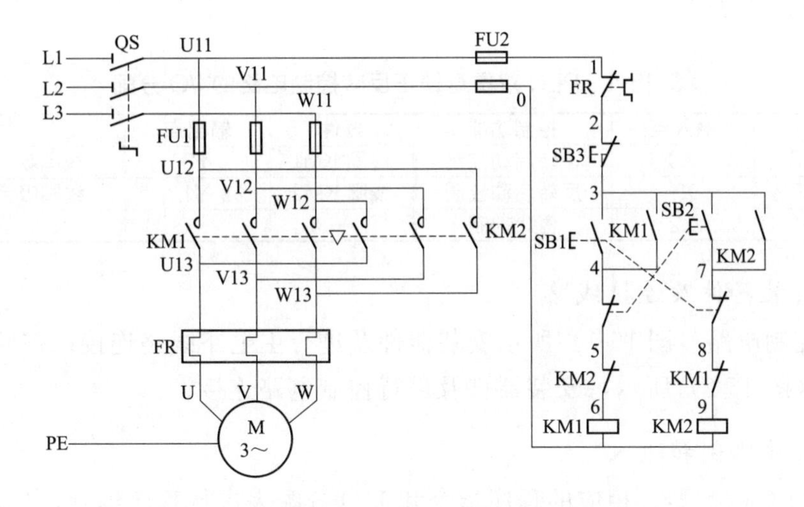

图 15-1　三相异步电动机双重互锁正反转控制电路

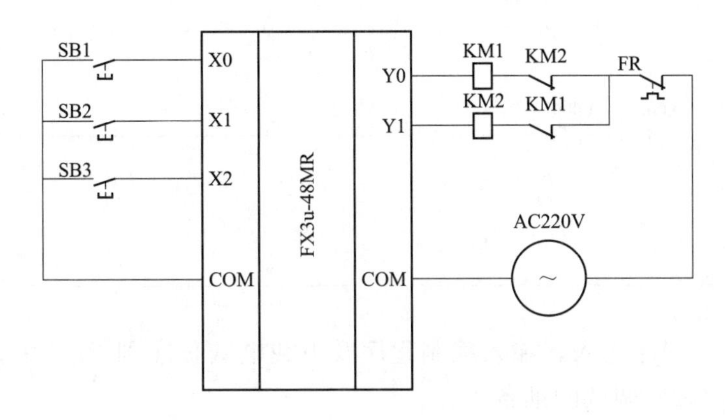

图 15-2　三相异步电动机双重互锁正反转控制的 PLC 控制电路接线

做相反方向切换控制。

15.3 任务实施

（1）I/O 分配表编制

启动：按启动按钮 SB1，X0 的动合触点闭合，Y0 得电，接触器 KM1 的线圈得电，电动机正转运行；按启动按钮 SB2，X1 的动合触点闭合，Y1 得电，接触器 KM2 的线圈得电，电动机反转运行。

停止：按下停止按钮 SB3，电动机停止运行。

根据控制功能分配输入点 X0、X1 和输出点 Y0、Y1；再进行程序编制，输入程序后，连接输入开关 X0、X1；连接 Y0、Y1 输出接触器线圈，通电运行，观察输入开关 X0、X1 与 PLC 输出指示灯 Y0、Y1 和接触器 KM1、KM2 线圈是否符合正反转控制电路功能的要求。

I/O 分配见表 15-1。

表 15-1 PLC 双重互锁正反转控制电路的 I/O 分配

器件	输入点	控制功能	器件	输出点	功能
正转按钮 SB1	X0	正转启动控制	线圈 KM1	Y0	线圈吸合电机正转
反转按钮 SB2	X1	反转启动控制	线圈 KM2	Y1	线圈吸合电机反转
按钮 SB3	X2	停止控制	—	—	—

(2) 安装器件及连接线路

按照控制电路(图 15-1)所示安装器件及进行主电路线路连接;按照 PLC 控制电路接线(图 15-2)所示,安装器件及进行控制电路连接。

(3) 程序编制和输入

根据 PLC 的类型、相应的程序指令和 I/O 分配表进行程序编制,具体如下:

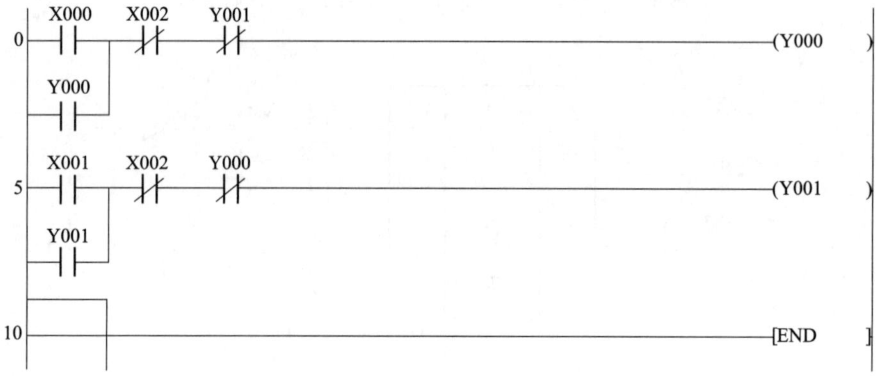

```
0   X000  X002  Y001   (Y000)
    Y000
5   X001  X002  Y000   (Y001)
    Y001
10                     [END]
```

对 PLC 进行程序输入,输入编制程序及下载电脑程序到 PLC 中,检查 PLC 控制电路的接线,做好调试的准备工作。

(4) 调试及运行程序

检查主电路和控制电路的接线是否正确;将 PLC 中的模式选择开关置于 RUN 状态;按下按钮 SB1,观察电动机运行状态及其旋转方向;按下按钮 SB3,观察电动机停止状态;按下按钮 SB2,观察电动机运行状态及其旋转方向;按下按钮 SB3,观察电动机停止状态;分析和总结电动机 PLC 控制电路的运行机理。

15.4 检查与评定

1) 检查主电路和控制电路的接线是否正确。

2) 输入编制程序及下载电脑程序到 PLC 中,并且将模式选择开关置于 RUN 状态。

3) 按下启动按钮 SB1 或 SB2,观察三相异步电动机的正反转控制电动机运行状态及其旋转方向;按下按钮 SB3,观察三相异步电动机的停止状态;分析和总结三相异步电动机 PLC 控制正反转电路的运行机理。

4）应用辅助继电器进行程序编制，熟悉辅助继电器指令的应用。

5）进行 PLC 控制电动机正反转电路的实训计时统计。

检查评定表如表 15-2 所示。

表 15-2 PLC 控制电动机正反转电路检查评定表

序号	完成情况（10-9-7-5-0 分）	评估		
		学生	组长	老师
1	PLC 控制电动机正反转电路编程训练			
2	存档			
3	总分			

练习 15

① 简述 PLC 控制电动机正反转电路编程方法。

② 简述 PLC 控制电动机正反转电路的调试步骤。

③ 如何应用计时器指令进行 PLC 控制电动机正反转电路的程序编制？

电动机星形/三角形启动电路编程

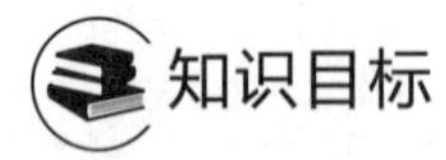

三相异步电动机星形/三角形启动电路的工作原理。
三相异步电动机星形/三角形启动电路的调试步骤。
三相异步电动机星形/三角形启动电路的程序编制步骤。

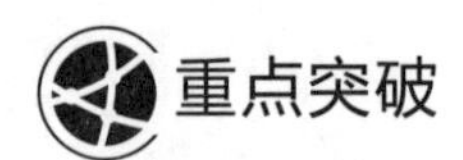

可编程控制器控制三相异步电动机星形/三角形启动电路编程基本方法。
可编程控制器控制三相异步电动机星形/三角形启动电路的安装调试方法。

16.1 任务导入

识读和分析可编程控制器控制三相异步电动机星形/三角形启动电路，编制梯形图并且进行程序输入，正确无误地进行电路的安装调试。

16.2 相关知识

用 PLC 对星形/三角形降压启动控制电路进行改造，电路如图 16-1 所示。

PLC 的输入、输出端子，电源和元件的安装连接如图 16-2 所示。

三相异步电动机星形/三角形降压启动控制电路工作原理：按启动按钮 SB2，交流接触器 KM1 线圈吸合，交流接触器 KM Y线圈吸合，交流接触器 KM1 辅助触点闭合自锁，电动机做三相异步电动机星形降压启动；启动后，经过 5s 后，按启动按钮 SB3，交流接触器 KM1 线圈继续吸合，交流接触器 KM Y线圈断电，交流接触器 KM△线圈吸合，交流接触器 KM2 辅助触点闭合自锁，三相异步电动机三角形全压投入运行，完成了电机星形降压启动，三角形全压运行；按下停止按钮 SB1，电动机停止运行。

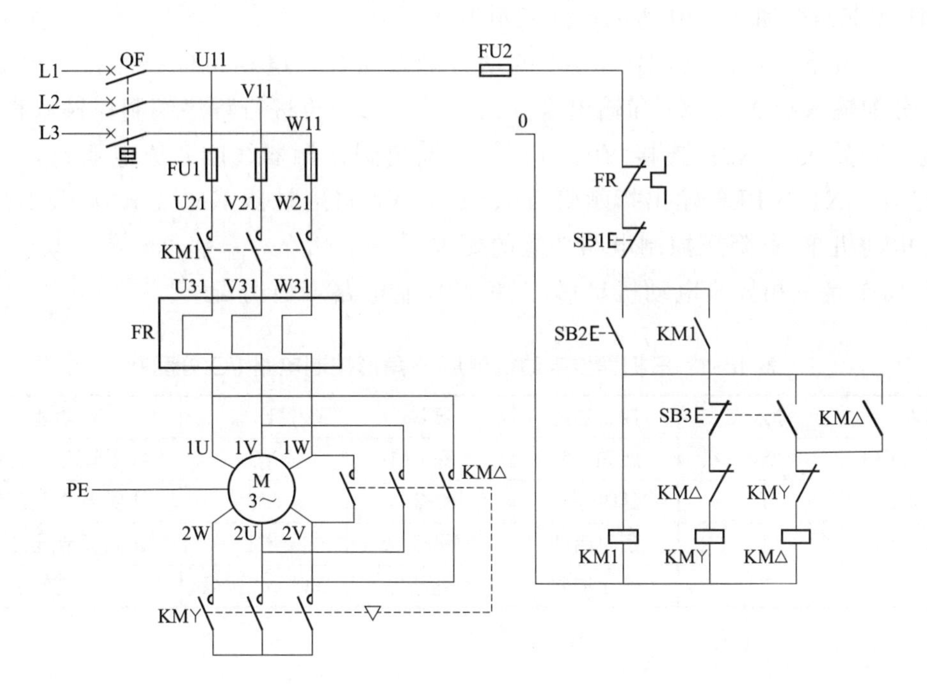

图 16-1 三相异步电动机星形/三角形降压启动控制电路

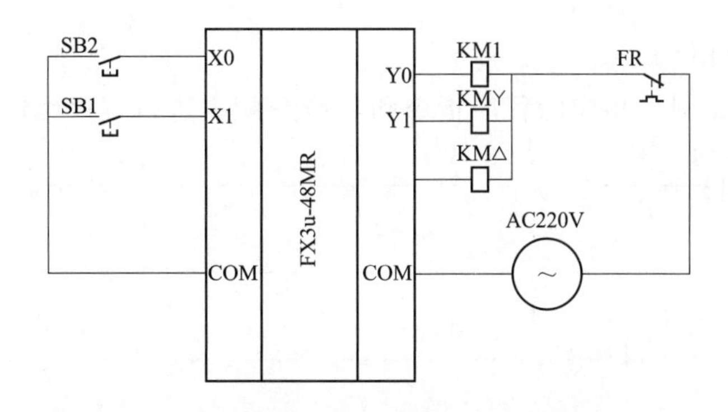

图 16-2 星形/三角形降压启动控制的 PLC 控制电路接线

16.3 任务实施

16.3.1 PLC 编程（一）

（1）I/O 分配表编制

启动：按启动按钮 SB2，X0 的动合触点闭合，Y0 得电，接触器 KM1 的线圈得电，Y1 得电，接触器 KM Y的线圈得电，计时器 T1 得电，时间设定 5s，接触器 KM1 和 KM Y动作，电动机做星形连接启动；5s 后，计时器常闭触点断开，Y1 失电，KM Y线圈失电，同时计时器常开触点闭合，Y2 得电，KM△线圈得电，接触器 KM1 和 KM△动作，电动机转为三角形运行方式。

停止：按下停止按钮 SB1 ，X1 的动合触点闭合，电动机停止运行。根据控制功能，分配输入点 X0、X1 和输出点 Y0、Y1、Y2；再进行程序编制；输入程序后，连接输入开关 X0、X2；连接 Y0、Y1、Y2 输出到接触器线圈；通电运行，观察输入开关 X0、X1 与 PLC 输出指示灯 Y0、Y1，Y2 和接触器 KM1、KM Y、KM△是否符合电动机星/角降压控制电路功能的要求。

表 16-1 是三相异步电动机星形/三角形控制电路 I/O 分配。

表 16-1 三相异步电动机星形/三角形控制电路 I/O 分配

器件	输入点	控制功能	器件	输出点	功能
按钮 SB2	X0	启动控制	线圈 KM1	Y0	线圈吸合,运行动作
PLC 内部	T1	延时停止	线圈 KM Y	Y1	线圈吸合,降压启动
PLC 内部	T1	延时启动	线圈 KM△	Y2	线圈吸合,全压运行
按钮 SB1	X1	停止控制	线圈断电	Y0、Y1、Y2	电机停止

（2）安装器件及连接线路

按照控制电路图 16-1 所示安装器件及进行主电路线路连接；按照 PLC 控制电路接线图 16-2 所示安装器件及进行控制电路连接。

（3）程序编制和输入

根据 PLC 的类型、相应的程序指令和 I/O 分配表进行程序编制，具体如下。

```
     X000     X001
0 ───┤ ├───┬───┤/├───┬──────────────────────────(Y000    )
     Y000  │         │                            K50
  ───┤ ├───┘         ├──────────────────────────(T1      )
                     │    T1
                     └───┤/├────────────────────(Y001    )
     T1
9 ───┤ ├────────────────────────────────────────(Y002    )

11 ─────────────────────────────────────────────[END     ]
```

对 PLC 进行程序输入，输入编制程序及下载电脑程序到 PLC 中，检查 PLC 控制电路的接线，做好调试的准备工作。

（4）调试及运行程序

检查主电路和控制电路的接线是否正确；将模式选择开关置于 RUN 状态；按下按钮 SB2，观察电动机运行状态，接触器 KM1、KM Y动作，电动机星形降压启动，经过 5s 后，KM Y停止动作，KM△吸合动作，切换到三角形全压运行状态；需要停止时，按下按钮 SB1，观察电动机停止运行状态；分析和总结星形/三角形换接启动控制和 PLC 控制电动机电路的运行机理。

16.3.2　PLC 编程（二）

以下编程可以解决接触器吸合不一致引起的短路问题。

启动：按启动按钮 SB2，X0 的动合触点闭合，M20 得电，M20 的动合触点闭合，同时 Y0 得电，接触器 KM1 的线圈得电，1s 后，Y3 得电，接触器 KM3 的线圈得电，接触器 KM1 和接触器 KM3 吸合，电动机做星形连接启动；6s 后，Y3 失电，Y2 得电，接触器 KM1 和接触器 KM2 吸合，电动机转为三角形运行方式。

停止：按下停止按钮 SB1，X1 的动合触点闭合，电机停止运行。

根据控制功能，分配输入点 X0、X2 和输出点 Y0、Y2、Y3；再进行编制程序；输入程序后，连接输入开关 X0、X2；连接输出指示灯 Y0、Y2、Y3；通电运行，观察输入开关 X0、X2 与输出指示灯 Y0、Y2、Y3 之间是否符合电动机星/角降压启动控制电路功能的要求。

输入/输出状态见表 16-2。

表 16-2　输入/输出状态

逻辑功能	输入端	状态	输出端	状态
电机启动	X0	单独按下 SB2	Y0	输出灯 Y0 亮
星形降压启动	M20、T1	自动	Y3	输出灯 Y3 亮
星形/三角形转换	T0	自动	Y3	输出灯 Y3 熄灭
三角形全压降压	T0	自动	Y2	输出灯 Y2 亮
电机停止	X2	按下 SB1	Y0、Y2	输出灯 Y0 Y2 熄灭

梯形图参考程序如下。

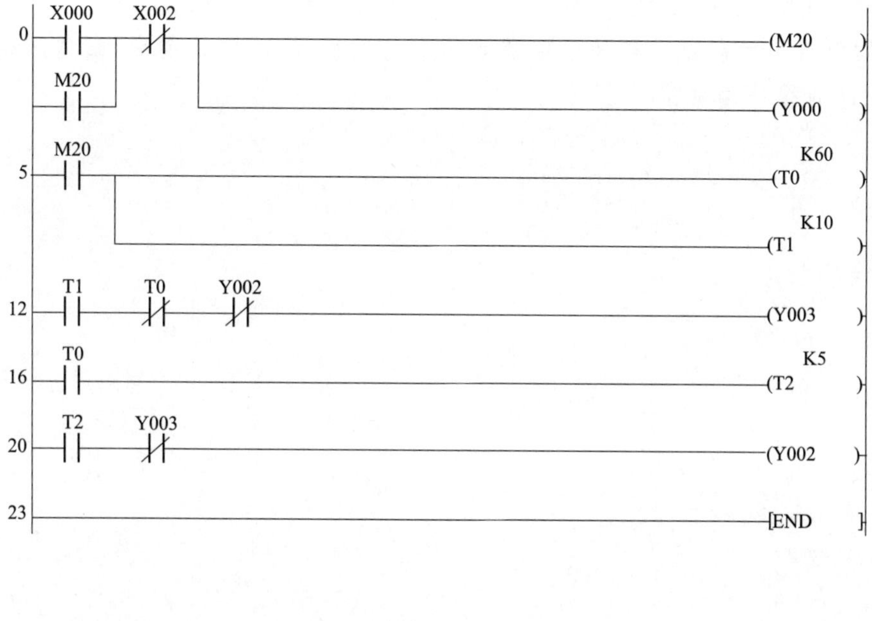

```
0   X000   X002
    -| |---+-|/|--+------------------(M20  )
    M20    |      |
    -| |---+      +------------------(Y000 )
5   M20                               K60
    -| |---+-------------------------(T0   )
           |                          K10
           +-------------------------(T1   )
12  T1     T0     Y002
    -| |---|/|----|/|----------------(Y003 )
16  T0                                K5
    -| |-----------------------------(T2   )
20  T2     Y003
    -| |---|/|-----------------------(Y002 )
23  ---------------------------------[END  ]
```

16.4 检查与评定

1）检查主电路和控制电路的接线是否正确。

2）输入编制程序及下载电脑程序到PLC中，并且将模式选择开关置于RUN状态。

3）按下按钮SB2，观察三相异步电动机星形/三角形换接启动控制电动机运行状态；按下按钮SB1，三相异步电动机处于停止状态；分析和总结星形/三角形换接启动电动机电路和PLC控制星形/三角形换接启动电动机电路的运行机理。

4）进行PLC控制星形/三角形换接启动电动机电路编程实训计时。

检查评定表如表16-3所示。

表16-3 PLC控制星形/三角形换接启动电动机电路检查评定表

序号	完成情况（10-9-7-5-0分）	评估		
		学生	组长	老师
1	PLC控制星形/三角形换接启动电动机电路编程训练			
2	存档			
3	总分			

练习16

① 简述PLC控制星形/三角形换接启动电动机电路编程。

② 简述PLC控制星形/三角形换接启动电动机电路的调试步骤。

③ 如何应用计时器、辅助继电器等指令，进行PLC控制星形/三角形换接启动电动机电路的程序编制？

工作台自动往返电路编程

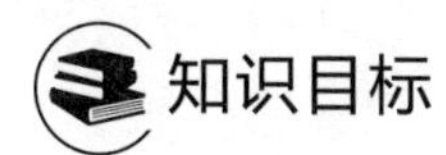

知识目标

工作台自动往返控制电路的工作原理是什么?

工作台自动往返控制电路的调试步骤有哪些?

工作台自动往返控制电路的程序编制步骤有哪些?

重点突破

工作台自动往返控制电路编程基本方法。

工作台自动往返控制电路安装调试方法。

17.1 任务导入

识读和分析可编程控制器控制工作台自动往返控制电路，编制梯形图并且进行程序输入，正确无误地进行电路的安装调试。

17.2 相关知识

用 PLC 对工作台自动往返控制线路进行改造，电路如图 17-1 所示。

PLC 的输入、输出端子，电源和元件的安装连接如图 17-2 所示。

工作台自动往返控制电路工作原理是：按启动按钮 SB1，极限行程开关 SQ3 和 SQ4 闭合起前进后退行程极限保护作用，SQ1-1 闭合时，控制工作台前进交流接触器 KM1 线圈吸合，电机正转带动工作台前进，前进到位，SQ1-1 断开，SQ1-2 闭合。SQ2-1 闭合时，交流接触器 KM2 线圈吸合，电机反转带动工作台后退，后退到位，SQ2-1 断开，SQ2-2 闭合，工作台前进，通过行程开关往返运行。工作台原点启动由按钮 SB1 和 SB2 决定，按下停止按钮 SB3，工作台停止运行。

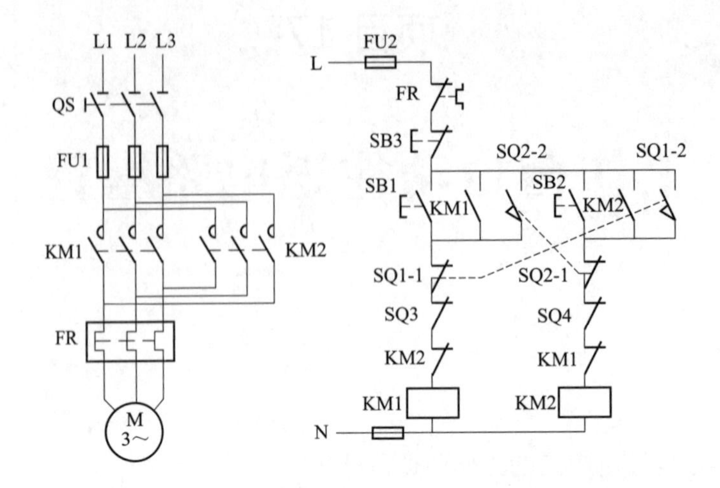

图 17-1 工作台自动往返控制电路

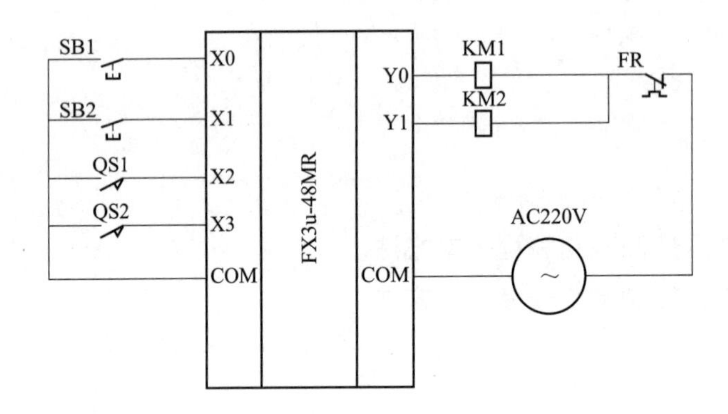

图 17-2 工作台自动往返控制的 PLC 控制电路接线

17.3 任务实施

(1) I/O 分配表编制

启动：按启动按钮 SB1，X0 的动合触点闭合，极限行程开关 SQ3、SQ1-1 闭合，X3、X7 的动合触点闭合，Y0 线圈得电，接触器 KM1 的线圈得电，工作台前进；按启动按钮 SB2，X1 的动合触点闭合，极限行程开关 SQ4、SQ2-1 闭合，X5、X8 的动合触点闭合，Y1 线圈得电，接触器 KM2 的线圈得电，工作台后退；利用行程开关控制工作台往返运动，例如 SQ1-1 断开，SQ1-2 闭合，X3、X4 可以控制 Y0 得电，接触器 KM1 的线圈得电，工作台后退；反之也可以控制工作台前进。

停止：按下停止按钮 SB3，X2 动合触点闭合，工作台运行停止。

根据控制功能，分配输入点 X0～X8 和输出点 Y0、Y1，再进行编制程序，输入程序后，连接输入开关 X0～X8，连接 Y0、Y1 输出接触器线圈，通电运行，观察输入开关 X0～X8 与 PLC 输出指示灯 Y0、Y1 和接触器 KM1、KM2 线圈是否符合工作台前进和后退电路功能的要求。

输入/输出状态如表 17-1 所示。

表 17-1　工作台自动往返控制电路 I/O 分配表

器件	输入点	功能	器件	输入点	功能
按钮 SB1	X0	前进启动	行程开关 SQ2-2	X6	后退极限保护
按钮 SB2	X1	后退控制	行程开关 SQ3	X7	前进极限保护
按钮 SB3	X2	停止控制	行程开关 SQ4	X8	后退极限保护
行程开关 SQ1-1	X3	前进极限到位	器件	输出点	功能
行程开关 SQ1-2	X4	后退极限到位	线圈 KM1	Y0	工作台前进
行程开关 SQ2-1	X5	前进极限保护	线圈 KM2	Y1	工作台后退

(2) 安装器件及连接线路

按照图 17-1 安装器件及进行主电路连接；按照 PLC 控制线路接线图 17-2 所示安装器件及进行控制线路连接。

(3) 程序编制和输入

根据 PLC 的类型、相应的程序指令和 I/O 分配表进行程序编制如下：

```
     X000   X002   X007   X003   Y001
 0 ──┤ ├──┬──┤/├────┤/├────┤/├────┤/├──────────────(Y000 )
     Y000 │
   ──┤ ├──┤
     X004 │
   ──┤ ├──┘
     X001   X002   X008   X004   Y000
 8 ──┤ ├──┬──┤/├────┤/├────┤/├────┤/├──────────────(Y001 )
     Y001 │
   ──┤ ├──┤
     X006 │
   ──┤ ├──┘
16 ────────────────────────────────────────────────[END ]
```

对 PLC 进行程序输入，输入编制程序及下载电脑程序到 PLC 中，检查 PLC 控制电路的接线，做好调试的准备工作。

(4) 调试及运行程序

检查主电路和控制电路的接线是否正确；将模式选择开关置于 RUN 状态；按下按钮 SB1，观察电动机运行状态，接触器 KM1 动作，表示工作台前进，行程开关 SQ1 到位，接触器 KM2 动作，表示工作台又要后退；按下按钮 SB2，观察电动机运行状态，接触器 KM2 动作，表示工作台后退，行程开关 SQ2 到位，接触器 KM1 动作，表示工作台又要前进；需要停止时，再按下按钮 SB3，观察电动机停止运行状态；分析和总结工作台自动往返控制线路的控制和 PLC 控制电动机电路的运行机理。

17.4　检查与评定

1）检查主电路和控制电路的接线是否正确。

2）输入编制程序及下载电脑程序到 PLC 中，并且将模式选择开关置于 RUN 状态。

3）按下按钮 SB1、SB2 观察工作台自动往返控制电路控制电动机运行状态；分析和总结工作台自动往返控制电路的运行机理。

4）进行工作台自动往返 PLC 控制电路实训计时检查。

检查评定表如表 17-2 所示。

表 17-2　工作台自动往返控制电路检查评定表

序号	完成情况（10-9-7-5-0 分）	评估		
		学生	组长	老师
1	PLC 对工作台自动往返控制电路编程训练			
2	存档			
3	总分			

练习 17

① 简述工作台自动往返控制电路编程方法。

② 简述工作台自动往返控制电路的调试步骤。

③ 如何应用计时器、辅助继电器指令，进行工作台自动往返控制电路的程序编制？

电动机顺序启动、逆序停止电路编程

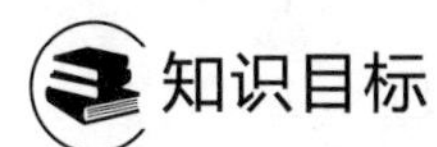

知识目标

三相异步电动机顺序启动、逆序停止控制电路的工作原理。
三相异步电动机顺序启动、逆序停止控制电路的调试步骤。
三相异步电动机顺序启动、逆序停止控制电路程序编制步骤。

重点突破

可编程控制器控制顺序启动、逆序停止电路编程基本方法。
可编程控制器控制顺序启动、逆序停止电路安装调试方法。

18.1 任务导入

识读和分析可编程控制器控制顺序启动、逆序停止控制电路，编制梯形图并且进行程序输入，正确无误地进行电路安装调试。

18.2 相关知识

用 PLC 对两台电动机顺序启动、逆序停止电路进行改造，电路如图 18-1 所示。

PLC 的输入、输出端子，电源和元件的安装连接如图 18-2 所示。

两台电动机顺序启动、逆序停止电路工作原理：按启动按钮 SB1，交流接触器 KM1 线圈吸合，交流接触器 KM1 辅助触点闭合自锁，第一台三相异步电动机启动运行；启动后，再按启动按钮 SB2，交流接触器 KM2 线圈吸合，第二台三相异步电动机启动运行；停止时，只能先按下 SB6 停止按钮，停止第二台三相异步电动机，再按下 SB5 停止按钮，才能停止第一台三相异步电动机，完成两台电动机顺序启动、逆序停止动作。

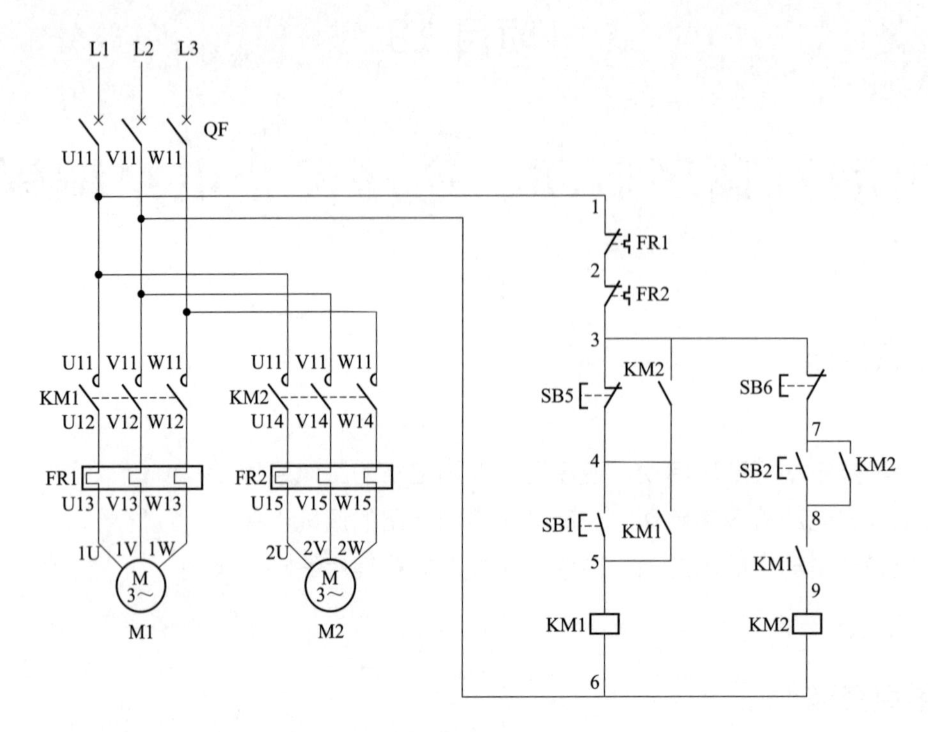

图 18-1 两台电动机顺序启动、逆序停止电路

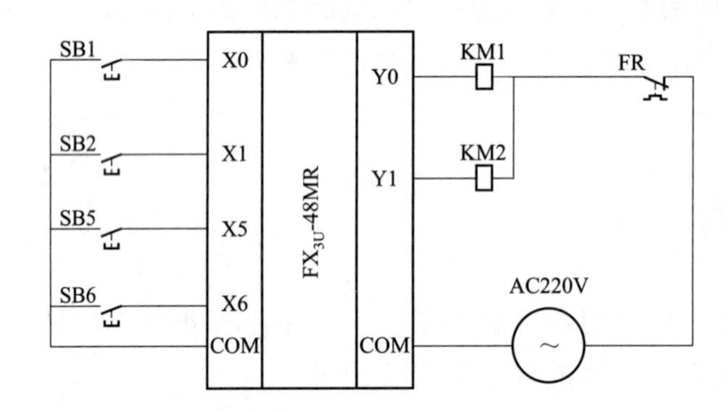

图 18-2 两台电动机顺序启动、逆序停止的 PLC 控制电路接线

18.3 任务实施

(1) I/O 分配表编制

启动：按启动按钮 SB1，X0 的动合触点闭合，Y0 得电，接触器 KM1 的线圈得电，第一台三相异步电动机启动运行；再按启动按钮 SB2，X1 的动合触点闭合，Y1 得电，接触器 KM2 的线圈得电，第二台三相异步电动机启动运行，完成两台电动机顺序启动。

停止：按下停止按钮 SB6，X6 的动合触点闭合，Y1 失电，交流接触器 KM2

线圈断电，第二台三相异步电动机停止运行。按下停止按钮 SB5，X5 的动合触点闭合，Y0 失电，交流接触器 KM1 线圈断电，第一台三相异步电动机停止运行，才能完成逆序停止动作。

根据控制功能，分配输入点 X0～X6 和输出点 Y0、Y1，再进行编制程序。输入程序后。连接输入开关 X0～X6，连接 Y0、Y1 输出接触器线圈，通电运行，观察输入开关 X0～X6 与 PLC 输出指示灯 Y0、Y1 和接触器 KM1、KM2 线圈是否符合两台电动机顺序启动、逆序停止的要求。

两台电动机顺序启动、逆序停止电路 I/O 分配如表 18-1 所示。

表 18-1　两台电动机顺序启动、逆序停止电路 I/O 分配

器件	输入点	控制功能	器件	输出点	功能
按钮 SB1	X0	1＃电机启动命令	线圈 KM1	Y0	1＃电机启动运行
按钮 SB2	X1	2＃电机启动命令	线圈 KM2	Y1	2＃电机启动运行
按钮 SB5	X5	1＃电机停止命令			
按钮 SB6	X6	2＃电机停止命令			

(2) 安装器件及连接电路

按照控制电路图 18-1 所示安装器件及进行主电路连接；按照 PLC 控制电路接线图 18-2 所示安装器件及进行控制电路连接。

(3) 编制程序及下载电脑程序

根据 PLC 的类型、相应的程序指令和 I/O 分配表进行程序编制，具体如下。

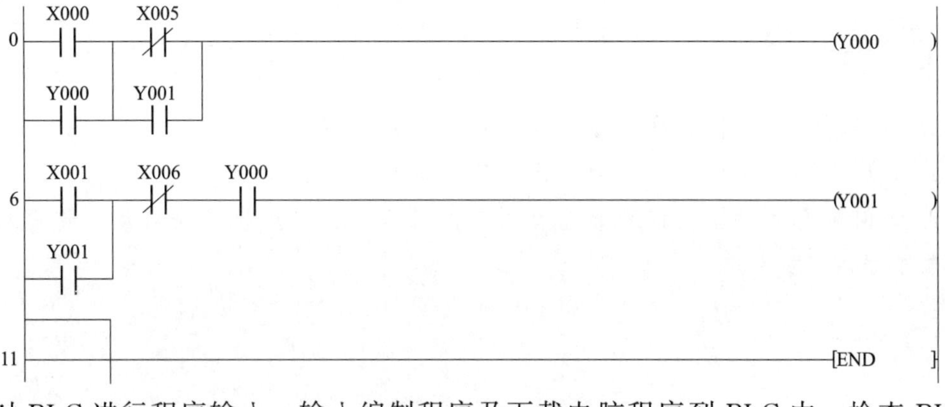

```
     X000      X005
 0 ──┤ ├──┬────┤/├────┬──────────────────────────(Y000   )
          │           │
     Y000 │    Y001   │
   ──┤ ├──┴────┤ ├────┘

     X001      X006      Y000
 6 ──┤ ├──┬────┤/├───────┤ ├─────────────────────(Y001   )
          │
     Y001 │
   ──┤ ├──┘

11 ──────────────────────────────────────────────[END    ]
```

对 PLC 进行程序输入，输入编制程序及下载电脑程序到 PLC 中，检查 PLC 控制电路的接线，做好调试的准备工作。

(4) 调试及运行程序

检查主电路和控制电路的接线是否正确；将模式选择开关置于 RUN 状态；按下按钮 SB1，接触器 KM1 动作，第一台电动机启动，观察电动机运行状态；再按钮 SB2，接触器 KM2 动作，第二台电动机启动，观察电动机运行状态；按下按钮 SB1，接触器 KM1 动作，第一台电动机启动，观察电动机运行状态；停止时，要先按下按钮 SB6，才能停止第二台电动机，然后再按钮 SB5 才能停止第一台电动机；

这样就达到两台电动机顺序启动、逆序停止动作。观察电动机停止运行状态；分析和总结两台电动机顺序启动、逆序停止控制电路的运行机理。

18.4 检查与评定

1）检查主电路和控制电路的接线是否正确。

2）输入编制程序及下载电脑程序到 PLC 中，并且将模式选择开关置于 RUN 状态。

3）按下按钮 SB1、SB2、SB5、SB6，观察两台电动机顺序启动、逆序停止控制电路的运行状态；分析和总结两台电动机顺序启动、逆序停止电路的运行机理。

4）进行两台电动机顺序启动、逆序停止电路实训计时。

检查评定表如表 18-2 所示。

表 18-2 两台电动机顺序启动、逆序停止电路检查评定表

序号	完成情况（10-9-7-5-0 分）	评估		
		学生	组长	老师
1	两台电动机顺序启动、逆序停止电路编程训练			
2	存档			
3	总分			

练习 18

① 简述两台电动机顺序启动、逆序停止电路编程方法。

② 简述两台电动机顺序启动、逆序停止电路的调试步骤。

③ 如何应用计时器、辅助继电器指令，进行两台电动机顺序启动、逆序停止电路的程序编制？

附录 1

中级电工复习题

一、单选题

1. 在正弦交流电的解析式 $i=I_{m}\sin(\omega t+\varphi)$ 中，φ 表示（　　）。

A. 频率　　B. 相位　　C. 初相位　　D. 相位差

2. 如图所示正弦交流电的初相位是（　　）。

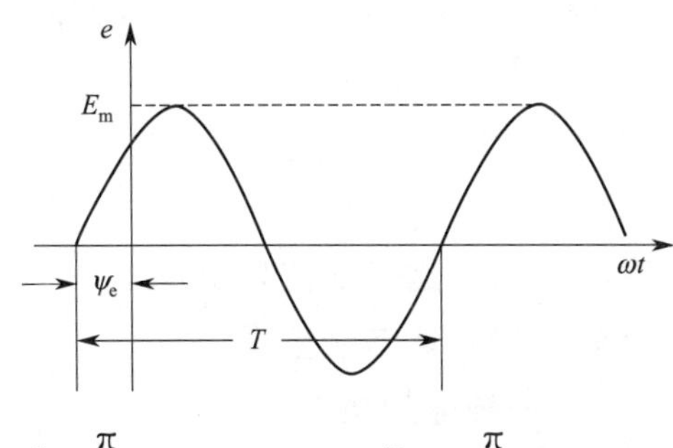

A. $\frac{\pi}{6}$　　B. $-\frac{\pi}{6}$　　C. $\frac{7\pi}{6}$　　D. $\frac{\pi}{3}$

3. 相量 $U=100e^{-j60^{\circ}}V$ 的解析式为（　　）。

A. $u=100\sqrt{2}\sin(\omega t-60^{\circ})$ V　　B. $u=100\sin(\omega t-60^{\circ})$ V

C. $u=100\sin(\omega t+60^{\circ})$ V　　D. $u=100\sqrt{2}\sin(\omega t+60^{\circ})$ V

4. 用单臂直流电桥测量一估算为 12 欧的电阻，比例臂应选（　　）。

A. 1　　B. 0.1　　C. 0.01　　D. 0.001

5. 调节通用示波器的“扫描范围”旋钮可以改变显示波的（　　）。

A. 幅度　　B. 个数　　C. 亮度　　D. 相位

6. 检流计内部采用张丝或悬丝支承，可以（　　）。

A. 提高仪表灵敏度　　B. 降低仪表灵敏度

C. 提高仪表准确度　　D. 降低仪表准确度

7. 示波器荧光屏上亮点不能太亮，否则（　　）。

A. 保险将熔断　　B. 指示灯将烧坏

C. 有损示波器使用寿命　　D. 影响使用者安全

8. 判断检流计线圈的通断（　　）测量。

A. 用万用表的 K×1 挡　　B. 用万用表的 R×1000 挡

C. 用电桥　　D. 不能用万用表或电桥直接

9. 变压器带感性运行时，副边电流的相位滞后于原边电流的相位小于（　　）。
A. 180°　　B. 90°　　C. 60°　　D. 30°

10. 变压器过载运行时的效率（　　）额定负载时的效率。
A. 大于　　B. 等于　　C. 小于　　D. 大于等于

11. 带电抗器的交流电焊变压器其原副绕组应（　　）。
A. 同心地套在一个铁芯柱上　　B. 分别套在两个铁芯柱上
C. 使副绕组套在原绕组外边　　D. 使原绕组套在副绕组外边

12. 直流弧焊发电机由（　　）构成。
A. 原动机和去磁式直流发电机　　B. 原动机和去磁式交流发电机
C. 稳压器谐振线圈短路　　D. 稳压器补偿线圈匝数恰当

13. 他励加串励式发电机焊接电流的粗调是靠（　　）来实现的。
A. 改变他励绕组的匝数
B. 调节他励绕组回路中串联电阻的大小
C. 改变串励绕组的匝数
D. 调节串励绕组回路中串联电阻的大小

14. 整流式电焊机是由（　　）构成的。
A. 原动机和去磁式直流发电机　　B. 原动机和去磁式交流发电机
C. 四只二极管　　D. 整流装置和调节装置

15. 整流式直流弧焊机是利用整流装置将（　　）的一种电焊机。
A. 交流电变成直流电　　B. 直流电变成交流电
C. 交流电变成交流电　　D. 直流电变成直流电

16. 整流式直流弧焊机焊接电流调节失灵，其故障原因可能是（　　）。
A. 变压器初级线圈匝间短路　　B. 饱和电抗器控制绕组极性反接
C. 稳压器谐振线圈短路　　D. 稳压器补偿线圈匝数不恰当

17. 进行变压器耐压试验时，试验电压升到要求数值后，应保持（　　）秒，无放电或击穿现象为试验合格。
A. 30　　B. 60　　C. 90　　D. 120

18. 变压器进行耐压试验时绝缘被击穿，可能是因为（　　）。
A. 试验电压持续时间过短　　B. 试验电压偏低
C. 绝缘老化　　D. 变压器分解开关未置于额定分接头

19. 在三相交流异步电动机定子上布置结构完全相同，在空间位置上互差（　　）电角度的三相绕组，分别通入三相对称交流电，则在定子与转子的空气间隙将会产生旋转磁场。
A. 60°　　B. 90°　　C. 120°　　D. 180°

20. 一台三相异步电动机，磁极数为6，定子圆周对应的电角度为（　　）。
A. 180°　　B. 360°　　C. 1080°　　D. 2160°

21. 直流发电机电枢上产生的电动势是（　　）。

A. 直流电动势　B. 交变电动势
C. 脉冲电动势　D. 非正弦交变电动势

22. 在直流电机中，为了改善换向，需要装置换向极，其换向绕组应与（　　）。
A. 主磁极绕组串联　B. 主磁极绕组并联
C. 电枢绕组串联　D. 电枢绕组并联

23. 交流测速发电机的杯形转子是用（　　）材料做成的。
A. 高电阻　B. 低电阻　C. 高导磁　D. 低导磁

24. 若被测机械的转向改变，则交流测速发电机的输出电压（　　）。
A. 频率改变　B. 大小改变　C. 相位改变 90°　D. 相位改变 180°

25. 改变电磁转差离合器（　　），就可调节离合器的输出转矩和转速。
A. 励磁绕组中的励磁电流　B. 电枢中的励磁电流
C. 异步电动机的转速　D. 旋转磁场的转速

26. 在滑差电动机自动调速控制线路中，测速发电机主要作为（　　）元件使用。
A. 放大　B. 被控　C. 执行　D. 检测

27. 在使用电磁调速异步电动机调速时，三相交流测速发电机的作用是（　　）。
A. 将转速转变成直流电压　B. 将转速转变成单相交流电压
C. 将转速转变成三相交流电压　D. 将三相交流电压转变成转速

28. 交磁电机扩大机是一种用于自动控制系统中的（　　）元件。
A. 固定式放大　B. 旋转式放大　C. 电子式放大　D. 电流放大

29. 从工作原理上看，交磁电机扩大机相当于（　　）。
A. 直流电动机　B. 两级直流电动机
C. 直流发电机　D. 两级直流发电机

30. 交磁扩大机的补偿绕组与（　　）。
A. 控制绕组串联　B. 控制绕组并联　C. 电枢绕组串联　D. 电枢绕组并联

31. 对额定电压为 380V，功率 3000W 及以上的电动机做耐压试验时，试验电压应取（　　）V。
A. 500　B. 1000　C. 1500　D. 1760

32. 直流电机的耐压试验主要是考核（　　）之间的绝缘强度。
A. 励磁绕组励磁绕组　B. 励磁绕组与电枢绕组
C. 电枢绕组与换向片　D. 各导电部分与地

33. 直流电机耐压试验中绝缘被击穿的原因可能是（　　）。
A. 试验电压高压电机额定电压　B. 电枢绕组接反
C. 电枢绕组开路　D. 槽口击穿

34. 晶体管时间继电器按构成原理分为（　　）两类。
A. 电磁式和电动式　B. 整流式和感应式
C. 阻容式和数字式　D. 磁电式和电磁式

35. 检测各种金属，应选用（　　）型的接近开关。

A. 超声波　　B. 永磁型及磁敏元件
C. 高频振荡　　D. 光电

36. 型号 JDZ-10 型电压互感器做预防性交流耐压试验时，标准试验电压应选（　　）千伏。
A. 10　　B. 15　　C. 38　　D. 20

37. 额定电压 10kV 的 FNI-10R 型负荷开关，在做交流耐压前应做绝缘电阻的测试，应选额定电压为（　　）伏的兆欧表。
A. 250　　B. 500　　C. 1000　　D. 2500

38. 额定电压 10kV 的 JDZ-10 型电压互感器，在进行交流耐压试验时产品合格，但在试验后被击穿。其击穿原因是（　　）。
A. 绝缘受损　　B. 互感器表面脏污
C. 环氧树脂浇注质量不合格　　D. 试验结束，实验者忘记降压就拉闸断电

39. 直流电器灭弧装置多采用（　　）。
A. 陶土灭弧罩　　B. 金属栅片灭弧罩
C. 封闭式灭弧室　　D. 串联磁吹式灭弧装置

40. 交流接触器在检修时，发现短路环损坏，该接触器（　　）使用。
A. 能继续　　B. 不能
C. 额定电流不可以　　D. 不影响

41. 型号为 RN2-10-20/0.5 的户内高压熔断器为电压互感器专用，检修时发现熔体熔断，应选熔体的规格是（　　）。
A. 0.5A　　B. 1.5A　　C. 20A　　D. 10A

42. 检测 SN10-10 高压断路器操作机构分合闸接触器线圈绝缘电阻，其值应不低于（　　）兆欧。
A. 1　　B. 0.5　　C. 2　　D. 3

43. 三相异步电动机采用 Y-△降压启动时，启动转矩是△接法全压启动时的（　　）倍。
A. $\sqrt{3}$　　B. $\frac{1}{\sqrt{3}}$　　C. $\frac{\sqrt{3}}{2}$　　D. $\frac{1}{3}$

44. 改变三相异步电动机的电源相序是为了使电动机（　　）。
A. 改变旋转方向　B. 改变转速　　C. 改变功率　　D. 降压启动

45. 三相异步电动机能耗制动时，电动机处于（　　）状态。
A. 电动　　B. 发电　　C. 启动　　D. 调速

46. 直流电动机电枢回路串电阻调速，当电枢回路电阻增大，其转速（　　）。
A. 升高　　B. 降低　　C. 不变　　D. 不一定

47. 同步电动机的启动方法主要有（　　）种。
A. 5　　B. 4　　C. 3　　D. 2

48. 同步电动机采用能耗制动时，要将运行中的同步电动机定子绕组电源（　　）。

A. 短路　　B. 断开　　C. 串联　　D. 关联

49. 三相异步电动机制动方法一般有（　　）大类。

A. 2　　B. 3　　C. 4　　D. 5

50. 三相异步电动机变极调速的方法一般只适用于（　　）。

A. 笼型异步电动机　　B. 绕线式异步电动机

C. 同步电动机　　D. 滑差电动机

51. 并励直流电动机限制启动电流的方法有（　　）种。

A. 2　　B. 3　　C. 4　　D. 5

52. 使并励直流电动机改变旋转方向的方法有（　　）种。

A. 2　　B. 3　　C. 4　　D. 5

53. 直流电动机常用的电力制动方法有（　　）种。

A. 2　　B. 3　　C. 4　　D. 5

54. 同步电动机的启动方法有（　　）种。

A. 2　　B. 3　　C. 4　　D. 5

55. 程序控制器大体上可分为（　　）大类。

A. 2　　B. 3　　C. 4　　D. 5

56. 起重机各移动部分均采用（　　）作为行程定位保护。

A. 反接制动　　B. 能耗制动　　C. 限位开关　　D. 电磁离合器

57. 铣床高速切削后，停车很费时间，故采用（　　）制动。

A. 电容　　B. 再生　　C. 电磁抱闸　　D. 电磁离合器

58. 电流截止负反馈在交磁电机扩大机自动调速系统中起（　　）作用。

A. 限流　　B. 减少电阻　　C. 增大电压　　D. 增大电流

59. 直流发电机-直流电动机自动调速系统中，发电机的剩磁电压约是额定电压的（　　）%。

A. 2～5　　B. 5　　C. 10　　D. 15

60. 电流正反馈自动调速电路中，电流正反馈反映的是（　　）的大小。

A. 电压　　B. 转速　　C. 负载　　D. 能量

61. 直流发电机-直流电动机调速系统中，如果改变发电机的励磁磁通，则属于（　　）调速。

A. 变励磁磁通　　B. 变电枢电压　　C. 变电源电压　　D. 改变磁极

62. 采用比例调节器调速，避免了信号（　　）输入的缺点。

A. 串联　　B. 并联　　C. 混联　　D. 电压并联电流串联

63. 按实物测绘机床电气设备控制线路图时，应先绘制（　　）。

A. 电气原理图　　B. 框图　　C. 接线图草图　　D. 位置图

64. T610 镗床的主轴和平旋盘是通过改变（　　）的位置实现调速的。

A. 钢球无级变速器　　B. 拖动变速器

C. 测速发电机　　D. 限位开关

65. Z37 摇臂钻床零压继电器的功能是（　　）。

A. 失压保护　B. 零励磁保护　C. 短路保护　D. 过载保护

66. M747 磨床中的电磁吸盘在进行可调励磁时，下列晶体管起作用的是（　　）。

A. V1　B. V2　C. V3　D. V4

67. 阻容耦合多级放大器中，（　　）的说法是错误的。

A. 放大直流信号　B. 放大缓慢变化的信号

C. 便于集成化　D. 各级静态工作点互不影响

68. 对功率放大电路最基本的要求是（　　）。

A. 输出信号电压大　B. 输出信号电流大

C. 输出信号电压和电流均大　D. 输出信号电压大，电流小

69. 二极管两端加上正向电压时（　　）。

A. 一定导通　B. 超过死区电压才导通

C. 超过 0.3V　D. 超过 0.7V 才导通

70. 如图表示的是（　　）电路。

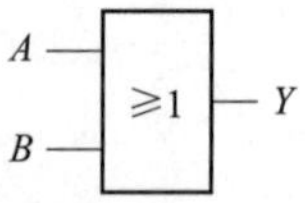

A. 或门　B. 与门　C. 非门　D. 与非门

71. 如图所示真值表中所表达的逻辑关系是（　　）。

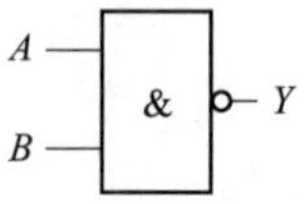

A. 与　B. 或　C. 与非　D. 或非

72. 普通晶闸管由中间 P 层引出的电极是（　　）。

A. 阳极　B. 门极　C. 阴极　D. 无法确定

73. 晶闸管硬开通是在（　　）情况下发生的。

A. 阳极反向电压小于反向击穿电压　B. 阳极反向电压小于正向击穿电压

C. 阳极反向电压大于反向击穿电压　D. 阴极加正压，但输出电压极性相反

74. 若将半波可控整流电路中的晶闸管反接，则该电路将（　　）。

A. 短路　B. 和原电路一样正常工作

C. 开路　D. 依然整流，但输出电压极性相反

75. 单相全波可控整流电路，若控制角 α 变大，则输出平均电压（　　）。

A. 不变　B. 变小　C. 变大　D. 为零

76. 三相半波可控整流电路，若变压器次级电压为 u_2，且 $0<\alpha<30°$，则输出平均电压为（　　）。

A. $1.17u_2\cos\alpha$　B. $0.9u_2\cos\alpha$　C. $0.45u_2\cos\alpha$　D. $1.17u_2$

77. 焊接时接头根部未完全熔透的现象叫（　　）。

A. 气孔　B. 未熔合　C. 焊接裂纹　D. 未焊接

78. 起吊设备时，只许可（ ）指挥，同时指挥信号必须明确。

A. 1 人 B. 2 人 C. 3 人 D. 4 人

79. 有一台电力变压器，型号为 S7-500\10，其中的数字“10”表示变压器的（ ）。

A. 额定容量是 10kV B. 额定容量是 10kW

C. 高压侧的额定电压是 10kV D. 低压侧的额定电压是 10kV

80. 焊剂使用前必须（ ）。

A. 烘干 B. 加热 C. 冷却 D. 脱皮

81. 电动势为 10W，内阻为 2Ω 的电压源变换成电流源时，电流源的电流和内阻是（ ）。

A. 10A，2Ω B. 20A，2Ω C. 5A，2Ω D. 2A，5Ω

82. 一台额定功率是 15kW，功率因数是 0.5 的电动机，效率为 0.8，它的输入功率是（ ）kW。

A. 17.5 B. 30 C. 14 D. 28

83. 在三相四线制中性点接地供电系统中，线电压指的是（ ）的电压。

A. 相线之间 B. 零线对地间 C. 相线对零线间 D. 相线对地间

84. 电桥使用完毕后，要将检流计扣锁锁上，以防（ ）。

A. 电桥出现误差 B. 破坏电桥平衡

C. 搬动时振坏检流计 D. 电桥的灵敏度降低

85. 使用直流双臂电桥测量电阻时，动作要迅速，以免（ ）。

A. 烧坏电源 B. 烧坏桥臂电阻 C. 烧坏检流计 D. 电池耗电量过大

86. 中、小型电力变压器的绕组按高、低压绕组相互位置和形状的不同，可分为（ ）两种。

A. 手绕式和机绕式 B. 绝缘导线式和裸导线式

C. 芯式和壳式 D. 同心式和交叠式

87. 变压器负载运行并且其负载的功率因数一定时，变压器的效率和（ ）的关系，叫变压器运行的效率特性。

A. 时间 B. 主磁通 C. 铁损耗 D. 负载系数

88. 变压器的额定容量是指变压器在额定负载运行时（ ）。

A. 原边输入的有功功率 B. 原边输入的视在功率

C. 副边输入的有功功率 D. 副边输入的视在功率

89. 为了满足电焊工艺的要求，交流电焊机应具有（ ）外特性。

A. 平直 B. 陡降 C. 上升 D. 稍有下降

90. 中、小型电力变压器控制控制盘上的仪表，指示着变压器的运行情况和电压质量，因此必须经常监察，在正常运行时应每（ ）小时抄表一次。

A. 0.5 B. 1 C. 2 D. 4

91. 中、小型电力变压器投入运行后，每年应小修一次，而大修一般为（ ）年进行一次。

A. 2　　B. 3　　C. 5～10　　D. 15～20

92. 电力变压器大修后耐压试验的试验电压应按“交接和预防性试验电压标准”选择，标准中规定电压级次为 3 千伏的油浸变压器试验电压为（　　）千伏。

A. 5　　B. 10　　C. 15　　D. 21

93. 三相单速异步电动机定子绕组概念图中，每相绕组的每个极相组应（　　）着电流头方向连接。

A. 逆　　B. 顺

C. $\frac{1}{3}$顺着，$\frac{2}{3}$逆着　　D. $\frac{1}{3}$逆着，$\frac{1}{3}$逆着

94. 同步电动机出现“失步”现象时，电动机转速（　　）。

A. 不变　　B. 为零　　C. 上升　　D. 下降

95. 复励发电机的两个励磁绕组产生的磁通方向相反时，称为（　　）电机。

A. 平复励　　B. 过复励　　C. 积复励　　D. 差复励

96. 直流发电机应用最广泛的是（　　）。

A. 差复励发电机　　B. 他励发电机　　C. 串励发电机　　D. 积复励发电机

97. 直流并励电动机的机械特性曲线是（　　）。

A. 双曲线　　B. 抛物线　　C. 一条直线　　D. 圆弧线

98. 测速发电机是一种能将转速转变为（　　）元件。

A. 电流信号　　B. 电压信号　　C. 功率信号　　D. 频率信号

99. 交流测速发电机的定子上装有（　　）。

A. 一条绕组　　B. 两个串联的绕组

C. 两个并联的绕组　　D. 两个在空间相差 90°电角度的绕组

100. 直流测速在负载电阻较小、转速较高时，输出电压随转速升高而（　　）。

A. 增大　　B. 减少　　C. 不变　　D. 线性上升

101. 下列特种电机中，作为执行元件使用的是（　　）。

A. 测速发电机　　B. 伺服发电机　　C. 自整角机　　D. 旋转变压器

102. 交流伺服电动机实质上就是一种（　　）。

A. 交流测速发电机　　B. 微型交流异步电动机

C. 交流同步电动机　　D. 微型交流同步电动机

103. 交流伺服电动机电磁转矩的大小与控制电压的（　　）有关。

A. 大小　　B. 相位　　C. 大小和相位　　D. 大小和频率

104. 他励式直流伺服电动机的正确接线方式是（　　）。

A. 定子绕组接信号电压，转子绕组接励磁电压

B. 定子绕组接励磁电压，转子绕组接信号电压

C. 定子绕组和转子绕组都接信号电压

D. 定子绕组和转子绕组都接励磁电压

105. 电磁转差离合器中，磁极的励磁绕组通入（　　）进行励磁。

A. 直流电流　　　　B. 非正弦交流电流
C. 脉冲电流　　　　D. 正弦交流道

106. 电磁转差离合器的主要缺点是（　　）。
A. 过载能力差　　　　B. 机械特性曲线较软
C. 机械特性曲线较硬　　　　D. 消耗功率较大

107. 滑差电动机自动调速线路中，比较放大环节的作用是将（　　）比较后，输入给晶体三极管进行放大。
A. 电源电压与反馈电压　　　　B. 励磁电压与给定电压
C. 给定电压与反馈电压　　　　D. 励磁电压与反馈电压

108. 交流电动机在耐压试验中绝缘被击穿的原因可能是（　　）。
A. 试验电压偏高　　　　B. 试验电压偏低
C. 试验电压为交流　　　　D. 电机没经过烘干处理

109. 做耐压试验时，直流电机应处于（　　）状态。
A. 静止　　B. 启动　　C. 正转运行　　D. 反转运行

110. 晶体管时间继电器比气囊式时间继电器的延时范围（　　）。
A. 小　　　　B. 大
C. 相等　　　　D. 因使用场合不同而不同

111. 检测不透光的所有物质应选择工作原理为（　　）型的接近开关。
A. 高频振荡　　B. 电容　　C. 电磁感应　　D. 光电

112. 高压负荷开关的用途是（　　）。
A. 主要用来切断和闭合线路的额定电流
B. 用来切断短路故障电流
C. 用来切断空载电流
D. 既能切断空载电流，又能用来切断短路故障电流

113. FN4-10 型真空负荷开关是三相户内高压电器设备，在出厂做交流耐压试验时，应选用交流耐压试验标准电压（　　）千伏。
A. 42　　B. 20　　C. 15　　D. 10

114. 大修后，在对 6kV 隔离开关进行交流耐压试验时，应选耐压试验标准为（　　）kV。
A. 24　　B. 32　　C. 42　　D. 10

115. 高压隔离开关在进行交流耐压试验时，试验合格后，应在 5 秒内均匀地将电压下降到实验值的（　　）%以下，电压至零后拉开刀闸，将被试品接地放电。
A. 10　　B. 40　　C. 50　　D. 25

116. 如图所示正弦交流电流的有效值是（　　）A。

I_m=7.07A

A. 5　　B. 6　　C. 10　　D. 7

117. 我国生产的CJ0-40型交流接触器采用的灭弧装置是（　　）。

A. 电动力灭弧　　B. 半封闭式金属栅片陶土灭弧罩

C. 窄缝灭弧　　D. 磁吹灭弧

118. 直流电弧稳定燃烧条件是（　　）。

A. 输入气隙的能量大于因冷却而输出的能量

B. 输入气隙的能量等于因冷却而输出的能量

C. 没有固定规律

D. 输入气隙能量小于因冷却而输出的能量

119. 接触器检修后由于灭弧装置损坏，该接触器（　　）使用。

A. 仍然继续　　B. 不能

C. 在额定电流下可以　　D. 短路故障下也可以

120. 对RH系列室内高压熔断器，检测其支持绝缘子的绝缘电阻，应选用额定电压为（　　）伏。

A. 1000　　B. 2500　　C. 500　　D. 250

121. 三相笼型异步电动机直接启动电流过大，一般可达额定电流的（　　）倍。

A. 2～3　　B. 3～4　　C. 4～7　　D. 10

122. 三相异步电动机采用能耗制动，切断电源后，应将电动机（　　）。

A. 转子回路串电阻　　B. 定子绕组两相绕组反接

C. 转子绕组进行反接　　D. 定子绕组送入直流电

123. 反接制动时，使旋转磁场反向转动，与电动机的转动方向（　　）。

A. 相反　　B. 相同　　C. 不变　　D. 垂直

124. 三相同步电动机的制动控制应采用（　　）。

A. 反接制动　　B. 再生发电制动　　C. 能耗制动　　D. 机械制动

125. 转子绕组串电阻启动适用于（　　）。

A. 笼型异步电动机　　B. 绕线式异步电动机

C. 串励直流电动机　　D. 并励直流电动机

126. 自动往返控制线路属于（　　）线路。

A. 正反转控制　　B. 点动控制　　C. 自锁控制　　D. 顺序控制

127. 改变直流电动机旋转方向，对并励电动机常采用（　　）。

A. 励磁绕组反接法　　B. 电枢绕组反接法

C. 励磁绕组和电枢绕组都反接　　D. 断开励磁绕组，电枢绕组反接

128. 直流电动机反接制动时，当电动机转速接近于零时，就应立即切断电源，防止（　　）。

A. 电流增大　　B. 电机过载　　C. 发生短路　　D. 电动机反向转动

129. 在直流电动机的电枢回路中串联一只调速变阻器的调速方法，称为（　　）调速法。

A. 电枢回路串电阻　　B. 改变励磁磁通
C. 改变电枢电压　　D. 改变电枢电流

130. M7120 型磨床的控制电路，当具备可靠的（　　）后，才允许启动砂轮和液压系统，以保证安全。
A. 交流电压　　B. 直流电压　　C. 冷却泵获电　　D. 交流电流

131. Z3050 型摇臂钻床的摇臂升降控制采用单台电动机的（　　）控制。
A. 点动　　B. 点动互锁　　C. 自锁　　D. 点动、双重联锁

132. 起重机上采用电磁抱闸制动的原理是（　　）。
A. 电力制动　　B. 反接制动　　C. 能耗制动　　D. 机械制动

133. 交磁电机扩大机补偿绕组与（　　）。
A. 控制绕组串联　B. 控制绕组并联　C. 电枢绕组串联　D. 电枢并联

134. 采用电压微分负反馈后，自动调速系统的静态放大倍数将（　　）。
A. 增大　　B. 减小　　C. 不变　　D. 先增大后减小

135. 直流发电机-直流电动机自动调速系统采用变电枢电压调速时，实际转速（　　）额定转速。
A. 等于　　B. 大于　　C. 小于　　D. 不小于

136. 桥式起重机采用（　　）实现过载保护。
A. 热继电器　　B. 过流继电器　　C. 熔断器　　D. 空气开关的脱扣器

137. X62W 万能铣床前后进给正常，但左右不能进给，其故障范围是（　　）。
A. 主电路正常，控制电路故障　　B. 主电路故障，控制电路正常
C. 主电路控制电路都有故障　　D. 无法确定

138. Z37 摇臂钻床的摇臂升、降开始前，一定先使（　　）松开。
A. 立柱　　B. 联锁装置　　C. 主轴箱　　D. 液压装置

139. M7475B 磨床电磁吸盘退磁时，YH 中电流的频率等于（　　）。
A. 交流电源频率　　B. 多谐振荡器的振荡频率
C. 交流电源频率的 2 倍　　D. 零

140. 放大电路的静态工作点，是指输入信号（　　）三极管的工作点。
A. 为零时　　B. 为正时　　C. 为负时　　D. 很小时

141. 阻容耦合多级放大器可放大（　　）。
A. 直流信号　　B. 交流信号　　C. 交、直流信号　D. 反馈信号

142. 正弦波振荡器的振荡频率取决于（　　）。
A. 正反馈强度　　B. 放大器放大倍数
C. 反馈元件参数　　D. 网络参数选频

143. 电压互感器将系统的高电压变为（　　）伏的标准低电压。
A. 100 或 $100\sqrt{2}$　　B. 50　　C. 36　　D. 220

144. 晶体管触发电路适用于（　　）的晶闸管设备中。
A. 输出电压线性好　　B. 控制电压线性好

C. 输出电压和电路线线性好　　D. 触发功率小

145. 单向半波可控整流电路，若负载平均电流为 10mA，则实际通过整流二极管的平均电流为（　　）。

A. 5A　　B. 0　　C. 10mA　　D. 20mA

146. 低氢型焊条一般在常温下超过（　　）小时，应重新烘干。

A. 2　　B. 3　　C. 4　　D. 5

147. 护目镜片的颜色及深浅应按（　　）的大小来进行选择。

A. 焊接电流　　B. 接触电阻　　C. 绝缘电阻　　D. 光通量

148. 或门逻辑关系的表达式是（　　）。

A. $P=AB$　　B. $P=A+B$　　C. $P=\overline{A+B}$　　D. $P=\overline{AB}$

149. 一含源二端网络，测得其开路电压为 100V，短路电流 10A，当外接 10Ω 负载电阻时，负载电流是（　　）。

A. 10A　　B. 5A　　C. 15A　　D. 20A

150. 一电流源的内阻为 2Ω，当把它等效变换成 10V 的电压源时，电流源的电流是（　　）A。

A. 5　　B. 6　　C. 8　　D. 10

151. 氩弧焊是利用惰性气体（　　）的一种电弧焊接方法。

A. 氧　　B. 氢　　C. 氩　　D. 氖

152. 纯电感或纯电容电路无功功率等于（　　）。

A. 单位时间内所存储的电能　　B. 电路瞬时功率的最大值

C. 电流单位时间内所做的功　　D. 单位时间内与电源交换的有功电能

153. 用普通示波器观测频率为 1000Hz 的被测信号，若需在荧光屏上显示出 5 个完整的周期波形，则扫描频率应为（　　）Hz。

A. 200　　B. 2000　　C. 1000　　D. 5000

154. 采用增加重复测量次数的方法可以消除（　　）对测量结果的影响。

A. 系统误差　　B. 偶然误差　　C. 疏失误差　　D. 基本误差

155. 电桥电流电压不足时，将影响电桥的（　　）。

A. 灵敏度　　B. 安全　　C. 准备度　　D. 读数时间

156. 搬动检流计或使用完毕后（　　）。

A. 将转换开关置于最高量程　　B. 要进行机械调零

C. 断开被测电流　　D. 将止动器锁上

157. 为了提高中、小型电力变压器铁芯的导磁性能，减少铁损耗，其铁芯多采用（　　）制成。

A. 0.35 毫米厚，彼此绝缘的硅钢片叠装

B. 整块钢材

C. 断开被测电路

D. 将止动器锁上

158. 带电抗器的电焊变压器供调节焊接电流的分接开关应接在电焊变压器的（　　）。

A. 原绕组　　B. 副绕组

C. 原绕组和副绕组　　D. 串联电抗器之后

159. 他励加串励式直流弧焊发电机焊接电流的细调是靠（　　）来实现的。

A. 改变他励绕组的匝数

B. 调节他励绕组回路中串联电阻的大小

C. 改变串励绕组的匝数

D. 调节串励绕组回路中串联电阻的大小

160. 直流弧焊发电机在使用中，出现电刷下有火花且个别换向片有炭迹，可能的原因是（　　）。

A. 导线接触电阻过大　　B. 电刷盒的弹簧压力过小

C. 个别电枢刷绳线断　　D. 个别换向片凸出或凹下

161. 整流式直流弧焊电焊机是通过（　　）来调节焊接电流的大小的。

A. 改变他励绕组的匝数　　B. 改变并励绕组的匝数

C. 整流装置　　D. 调节装置

162. 电力变压器大修后耐压试验的试验电压应按"交接和预防性试验电压标准"选择，标准中规定电压级次为 0.3 千伏的油浸变压器试验电压为（　　）千伏。

A. 1　　B. 2　　C. 3　　D. 4

163. 三相异步电动机定子绕组圆形接线参考图中，沿圆周绘制了若干段带箭头的短圆弧线，一段短弧线代表（　　）。

A. 一个绕组　　B. 一个线圈　　C. 一个节距　　D. 一个极相组

164. 采用Y/△接法的三相变极双速异步电动机变极调速时，调速前后电动机的（　　）基本不变。

A. 输出转矩　　B. 输出转速　　C. 输出功率　　D. 磁极对数

165. 异步启动时，同步电动机的励磁绕组不能直接短路，否则（　　）。

A. 引起电流太大电机发热

B. 将产生高电势影响人身安全

C. 将漏电影响人身安全

D. 转速无法上升到接近同步转速，不能正常启动

166. 直流电机总的换向极是由（　　）组成。

A. 换向极铁芯　　B. 换向极绕组　　C. 换向器　　D. 换向极铁芯和换向绕组

167. 我国研制的（　　）系列的高灵敏直流测速发电机，其灵敏度比普通测速发电机高 1000 倍，特别适合作为低速伺服系统中的检测元件。

A. CY　　B. ZCF　　C. CK　　D. CYD

168. 直流永磁式测速发电机（　　）。

A. 不需另加励磁电源　　B. 需加励磁电源

C. 需加交流励磁电压　　D. 需加直流励磁电压

169. 电磁调速异步电动机主要由一台但单速或多速的三相异步电动机和（　　）组成。

A. 机械离合器　　B. 电磁离合器　　C. 电磁转差离合器　　D. 测速发电机

170. 交磁电机扩大机的功率放大倍数可达（　　）。

A. 20～50　　B. 50～200　　C. 200～50000　　D. 50000 以上

171. 三相交流电动机耐压试验中不包括（　　）之间的耐压。

A. 定子绕组与相　　B. 每相与机壳

C. 绕线式转子绕组相与地　　D. 机壳与地

172. 一额定电压为 380V，功率在 1～3kW 以内的电动机耐压试验中绝缘被击穿，其原因可能是（　　）。

A. 试验电压为 1500V　　B. 试验电压为工频

C. 电机线圈绝缘受损　　D. 电机轴承磨损

173. 直流电动机的耐压试验一般用（　　）进行。

A. 兆欧表　　B. 电桥　　C. 工频耐压试验机　　D. 调压器

174. 直流电机在耐压试验中绝缘被击穿的原因可能是（　　）。

A. 换向器内部绝缘不良　　B. 试验电压为交流

C. 试验电压偏高　　D. 试验电压偏低

175. 高压 10kV 断路器经大修后做耐压试验，应通过工频试验变压器加（　　）kV 的试验电压。

A. 15　　B. 38　　C. 42　　D. 20

176. 电压互感器可采用户内式或屋外式电压互感器，通常电压在（　　）千伏以下的支持户内式。

A. 10　　B. 20　　C. 35　　D. 6

177. 额定电压 6kV 的油断路器在新装及大修后做交流耐压试验，应选标准试验电压（　　）kV。

A. 28　　B. 15　　C. 10　　D. 38

178. 额定电压 10kV 的隔离开关，在交流耐压试验前测其绝缘电阻，应选用额定电压为（　　）伏兆欧表才符合标准。

A. 2500　　B. 1000　　C. 500　　D. 250

179. 对户外多油断路器 DW7-10 检修后做交流耐压试验时合闸状态试验合格，分闸状态在升压过程中却出现“噼啪”声，电路跳闸击穿，其原因是（　　）。

A. 支柱绝缘子破损　　B. 油质含有水分

C. 拉杆绝缘受损　　D. 油箱有脏污

180. 陶土金属栅片灭弧罩灭弧是利用（　　）原理。

A. 窄缝冷却电弧　　B. 电动力灭弧

C. 铜片易导电易散热　　D. 串联短弧降压和离子栅片灭弧

181. 灭弧装置的作用是（　　）。

A. 引出电弧　B. 熄灭电弧　C. 使电弧分段　D. 使电弧产生磁力

182. 电磁铁进行通电试验时，当加至线圈电压额定值的（　　）%时，衔铁应可靠吸合。

A. 80　B. 85　C. 65　D. 75

183. 异步电动机不希望空载或轻载的主要原因是（　　）。

A. 功率因数低　B. 定子电流较大　C. 转速太高有危险　D. 转子电流较大

184. 要使三相异步电动机的旋转磁场方向改变，只需要改变（　　）。

A. 电源电压　B. 电压相序　C. 电源电流　D. 负载大小

185. 三相异步电动机反接制动时，采用对称制电阻接法，可以在限制制动转矩的同时，也限制了（　　）。

A. 制动电流　B. 启动电流　C. 制动电压　D. 启动电压

186. 直流电动机改变电源电压调速时，调节转速（　　）铭牌转速。

A. 大于　B. 小于　C. 等于　D. 大于和等于

187. 同步电动机启动时要将同步电动机的定子绕组通入（　　）。

A. 交流电压　B. 三相交流电压　C. 直流电流　D. 单向电源

188. 正反转控制线路，在实际工作中最常用最可靠的是（　　）。

A. 倒顺开关　B. 接触器联锁　C. 按钮联锁　D. 脉动电流

189. 双速电动机属于（　　）调速方法。

A. 交频　B. 改变转差率　C. 改变磁极对数　D. 降低电压

190. 串励直流电动机的能耗制动方法有（　　）种。

A. 2　B. 3　C. 4　D. 5

191. 同步电动机采用异步启动时，启动过程可分为（　　）个阶段。

A. 2　B. 3　C. 4　D. 5

192. 同步电动机停车时，如需进行电力制动，最方便的方法是（　　）。

A. 机械制动　B. 反接制动　C. 能耗制动　D. 电磁抱闸

193. 半导体发光数码管由（　　）个条状的发光二极管组成。

A. 5　B. 6　C. 7　D. 8

194. 起重机设备上的移动电动机和提升电动机均采用（　　）制动。

A. 反接　B. 能耗　C. 电磁离合器　D. 电磁抱闸

195. 带有电流截止负反馈环节的调速系统，为使电流截止负反馈参与调节后机械特性曲线下垂段更陡一些，应把反馈取样电阻阻值选得（　　）。

A. 大一些　B. 小一些　C. 接近无穷　D. 接近零

196. M7475 磨床电磁吸盘在进行不可调励磁时，流过 YH 的电流是（　　）。

A. 直流　B. 全波整流　C. 半波整流　D. 交流

197. 阻值为 4 欧的电阻和容抗为 3 欧的电容串联，总复数阻抗为（　　）。

A. $\bar{Z}=3+j4$　B. $\bar{Z}=3-j4$　C. $\bar{Z}=4+j3$　D. $\bar{Z}=4-j3$

198. 在 MOS 门电路中，欲使 PMOS 管导通可靠，栅极所加电压应（　　）开启电压（U_{TP}<0）。

A. 大于　　B. 小于　　C. 等于　　D. 任意

199. 共发射极放大电路如图所示，现在处于饱和状态，欲恢复放大状态，通常采用的方法是（　　）。

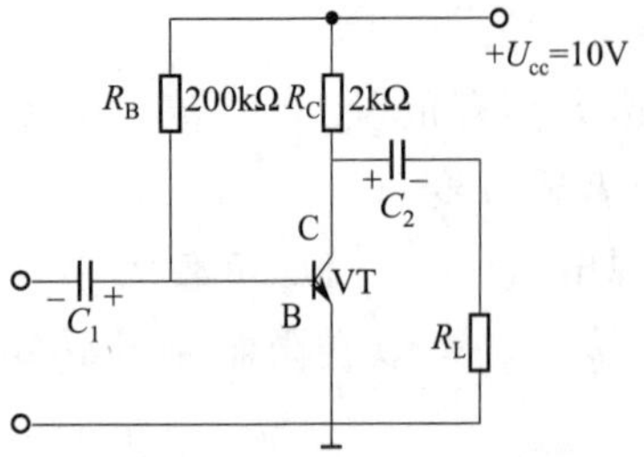

A. 增大 R_B　　B. 减少 R_B　　C. 减少 R_B　　D. 改变 U_{CB}

200. 晶闸管外部的电极数目为（　　）。

A. 1 个　　B. 2 个　　C. 3 个　　D. 4 个

201. 直流双臂电桥可以精确测量（　　）的电阻。

A. 1 欧　　B. 10 以下　　C. 100 欧以上　　D. 100 千欧以上

202. 欲精确测量中等电阻的阻值，应选用（　　）。

A. 万用表　　B. 单臂电桥　　C. 双臂电桥　　D. 兆欧表

203. 在中、小型电力变压器的定期维护中，若发现瓷套管（　　），只需做简单处理而不需更换。

A. 不清洁　　B. 有裂纹　　C. 有放电痕迹　　D. 螺纹损坏

204. 现代发电厂的主体设备是（　　）。

A. 直流发电机　　B. 同步电动机　　C. 异步发电机　　D. 同步发电机

205. 直流电机励磁绕组不与电枢连接，励磁电流由独立的电源供给称为（　　）电机。

A. 他励　　B. 串励　　C. 并励　　D. 复励

206. 直流发电机的电枢上装有许多导体和换向片，其主要目的是（　　）。

A. 增加发出的直流电势大小　　B. 减小发出的直流电动势的大小

C. 增加发出的直流电动势的脉动量　　D. 减少发出的直流电动势的脉动量

207. 直流电动机的电气调速方法有（　　）种。

A. 2　　B. 3　　C. 4　　D. 5

208. 若交磁扩大机的控制回路其他电阻较小时，可将几个控制绕组（　　）使用。

A. 串联　　B. 并联　　C. 混联　　D. 短接

209. 正弦振荡波器由（　　）大部分组成。

A. 2　　B. 3　　C. 4　　D. 5

210. KP-10 表示普通反向阻断型晶闸管的通态正向平均电流是（　　）。

A. 20A　　B. 2000A　　C. 10A　　D. 1000A

211. 单结晶体管振荡电路是利用单结晶体管（ ）的工作特性设计的。

A. 截止区 B. 负阻区 C. 饱和区 D. 任意区域

212. 任何一个含源二端网络都可以用一个适当的理想电压源与一个电阻（ ）来代替。

A. 串联 B. 并联 C. 串联或并联 D. 随意连接

213. 正弦交流电路中的总电压，总电流的最大值分别为 U_m 和 I_m，则视在功率为（ ）。

A. $U_m I_m$ B. $U_m I_m/2$ C. $1/\sqrt{2}U_m I_m$ D. $\sqrt{2}U_m I_m$

214. 某台电动机的效率高，说明电动机（ ）。

A. 做功多 B. 功率大 C. 功率因数大 D. 本身功率耗损小

215. 三相四线制供电的相电压为 220V，与相电压最接近的值为（ ）V。

A. 280 B. 346 C. 250 D. 380

216. 低频信号发生器的低频振荡信号由（ ）振荡器产生。

A. LC B. 电感三点式 C. 电容三点式 D. RC

217. 低频信号发生器开机后（ ）即可使用。

A. 很快 B. 需加热 60min 后

C. 需加热 40min 后 D. 需加热 30min 后

218. 严重歪曲测量结果的误差叫（ ）。

A. 绝对误差 B. 系统误差 C. 偶然误差 D. 疏失误差

219. 用通用示波器观察工频 220V，被测电压应接在（ ）之间。

A. “Y 轴输入”和“X 轴输入”端钮 B. “Y 轴输入”和“接地”端钮

C. “X 轴输入”和“接地”端钮 D. “整步输入”和“接地”端钮

220. 在潮湿的季节，对久置不用的电桥，最好能隔一定时间通电（ ）小时，以驱除机内潮气，防止元件受潮变值。

A. 半 B. 6 C. 12 D. 24

221. 三相对称负载接成三角形时，若某相的线电流为 1A，则三相电流的矢量和为（ ）A。

A. 3 B. $\sqrt{3}$ C. $\sqrt{2}$ D. 0

222. 变压器负载运行时，若所带负载的性质为感性，则变压器副边电流相位（ ）副边感应电动势的相位。

A. 超前于 B. 同相于 C. 滞后于 D. 超前或同相于

223. 当变压器带电容性负载运行时，副边端电压随负载电流的增大而（ ）。

A. 升高 B. 不变 C. 降低很多 D. 先降低后升高

224. 一台变压器的连接组别为 Y，d11，其中“d”表示变压器的（ ）。

A. 高压绕组为星形接法 B. 高压绕组为三角形接法

C. 低压绕组为星形接法 D. 低压绕组为三角形接法

225. 三相变压器并联运行时，容量最大的变压器与容量最小的变压器的容量之比不可超过（　　）。

A. 3∶1　　B. 5∶1　　C. 10∶1　　D. 15∶1

226. 为了适应电焊工艺的要求，交流电焊变压器的铁芯应（　　）。

A. 有较大且可调的空气隙　　B. 有很小且不变的空气隙

C. 有很小且可调的空气隙　　D. 没有空气气隙

227. 直流弧焊发电机的串励和他励绕组应接成（　　）。

A. 积复励　　B. 差复励　　C. 平复励　　D. 过复励

228. 直流弧焊发电机为（　　）直流发电机。

A. 增磁式　　B. 去磁式　　C. 恒磁式　　D. 永磁式

229. 整流式直流弧焊机具有（　　）外特性。

A. 平直　　B. 陡降　　C. 上升　　D. 稍有下降

230. 电力变压器大修后耐压试验的试验电压应按“交接和预防性试验电压标准”选择，标准中规定电压级次为 6 千伏的油浸变压器的试验电压为（　　）kV。

A. 15　　B. 18　　C. 21　　D. 25

231. 绘制三相单速异步电动机定子绕组接线图时，要先将定子槽数按极数均分，每一等份代表（　　）电角度。

A. 90°　　B. 120°　　C. 180°　　D. 360°

232. 三相同步电动机定子绕组中要通入（　　）。

A. 直流电流　　B. 交流电流　　C. 三相交流电流　　D. 直流脉动电流

233. 直流电机主磁极的作用是（　　）。

A. 产生换向磁场　　B. 产生主磁场　　C. 削弱主磁场　　D. 削弱电枢磁场

234. 一台牵引列车的直流电机（　　）。

A. 只能作电动机运行　　B. 只能作发电机运行

C. 只能产生牵引力　　D. 既能产生牵引力，又能产生制动力矩

235. 直流并励发电机的输出电压随负载电流的增大而（　　）。

A. 增大　　B. 降低　　C. 不变　　D. 不一定

236. 直流串励电动机的机械特性曲线是（　　）。

A. 一条直线　　B. 双曲线　　C. 抛物线　　D. 圆弧线

237. 直流电动机无法启动，其原因可能是（　　）。

A. 串励电动机空载运行　　B. 电刷磨损过短

C. 通风不良　　D. 励磁回路断开

238. 在自动控制系统中，把输入的电信号转换成电机轴上的角位移或角的电磁装置称为（　　）。

A. 伺服电动机　　B. 测速发电机　　C. 交磁放大机　　D. 步进电机

239. 线绕式电动机的定子做耐压试验时，转子绕组应（　　）。

A. 开路　　B. 短路　　C. 接地　　D. 严禁接地

240. 不会造成交流电动机绝缘被击穿的原因是（　　）。

A. 电机轴承内缺乏润滑油　　B. 电机绝缘受潮

C. 电机长期过载运行　　D. 电机长期过压运行

241. 直流电动机耐压试验的目的是考核（　　）。

A. 导电部分的对地绝缘强度　　B. 导电部分之间的绝缘强度

C. 导电部分的对地绝缘电阻大小　　D. 导电部分所耐压电压的高低

242. 直流电机耐压试验的试验电压为（　　）。

A. 50 赫兹正弦交流电压　　B. 1000 赫兹正弦波交流电压

C. 脉冲电流　　D. 直流

243. 晶体管时间继电器按电压鉴别线路的不同可分为（　　）类。

A. 5　　B. 4　　C. 3　　D. 2

244. 10kV 高压断路交流耐压试验的方法是（　　）。

A. 在断路器所有实验合格后，最后一次试验通过工频变压器，施加高于额定电压一定数值的试验电压并持续 1 分钟，进行绝缘观测

B. 通过试验变压器加额定电压进行，持续时间 1 分钟

C. 先做耐压试验后做其他电气基本试验

D. 在被试物上通过工频试验变压器加一定数值的电压，持续时间 2 分钟

245. 高压负荷开关交流耐压试验的标准电压是（　　）V。

A. 10　　B. 20　　C. 35　　D. 42

246. 型号为 GNB-10/600 型高压隔离开关，经大修后需进行交流耐压试验，应选耐压试验标准电压为（　　）千伏。

A. 24　　B. 32　　C. 42　　D. 20

247. 高压 10 千伏隔离开关在交接及大修后进行交流耐压试验的电压标准为（　　）千伏。

A. 15　　B. 38　　C. 42　　D. 20

248. DN3-10 型户内多油断路器在合闸状态下进行耐压试验合格，在分闸进行交流耐压时，当电压升至试验电压一半时，却跳闸击穿，且有油的“噼啪”声，其绝缘击穿的原因是（　　）。

A. 油箱中的变压器油含有水分　　B. 绝缘拉杆受潮

C. 支柱绝缘子有破损　　D. 短路器动静触头距离过大

249. 灭弧罩可用（　　）材料制成。

A. 金属　　B. 陶土、石棉水泥或耐弧塑料

C. 非磁性材质　　D. 传热材质

250. 低压电器产生直流电弧从燃烧到熄灭是一个暂态过程，往往会出现（　　）现象。

A. 过电流　　B. 欠电流　　C. 过电压　　D. 欠电压

251. 接触器有多个主触头，动作要保持一致。检修时根据检修标准，接通后各触头

相差距离应在（　　）毫米之内。

A. 1　　B. 2　　C. 0.5　　D. 3

252. 直流电动机启动时，启动电流很大，可达额定电流的（　　）倍。

A. 4～7　　B. 2～25　　C. 10～20　　D. 5～6

253. 直流电动机回馈制动时，电动机处于（　　）。

A. 电动状态　　B. 发电状态　　C. 空载状态　　D. 短路状态

254. 起重机的升降控制线路属于（　　）控制线路。

A. 点动　　B. 自锁　　C. 正反转　　D. 顺序控制

255. 三相绕线转子异步电动机的调速控制采用（　　）的方法。

A. 改变电源频率　　B. 改变定子绕组磁极对数

C. 转子回路串联频敏变阻器　　D. 转子回路串联可调电阻

256. 他励直流电动机改变旋转方向常采用（　　）来完成。

A. 电枢绕组反接法　　B. 励磁绕组反接法

C. 电枢、励磁绕组同时反接　　D. 断开励磁绕组、电枢绕组反接

257. C6140 型车床主轴电动机与冷却泵电动机的电气控制的顺序是（　　）。

A. 主轴电动机启动后，冷却电动机可选择启动

B. 主轴与冷却泵电动机可同时启动

C. 冷却泵电动机启动后，主轴电动机方可启动

D. 冷却泵由组合开关控制，与主轴电动机无电气关系

258. 为克服起重机再生发电制动没有低速段的缺点，采用了（　　）方法。

A. 反接制动　　B. 能耗制动　　C. 电磁抱闸　　D. 单相制动

259. 交磁扩大机的电差接法与磁差接法相比，电差接法在节省控制绕组，减少电能损耗上较（　　）。

A. 优越　　B. 不优越　　C. 相等　　D. 无法比较

260. 桥式起重机主钩电动机放下空钩时，电动机工作在（　　）状态。

A. 正转电动　　B. 反转电动　　C. 倒拉反转　　D. 再生发电

261. Z37 摇臂钻床的摇臂回转是靠（　　）实现。

A. 电机拖动　　B. 人工拉转　　C. 机械传动　　D. 自动控制

262. 多级放大电路总放大倍数是各级放大倍数的（　　）。

A. 和　　B. 差　　C. 积　　D. 商

263. TTL“与非”门电路是以（　　）为基本元件构成的。

A. 电容器　　B. 双极三极管　　C. 二极管　　D. 晶闸管

264. 如图所示输入输出波形所表达的逻辑公式是（　　）。

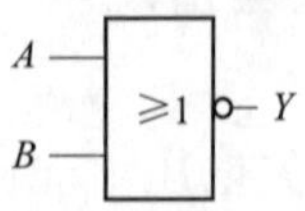

A. $P=AB$　　B. $P=A+B$　　C. $P=\overline{AB}$　　D. $P=\overline{A+B}$

265. 在晶闸管寿命期内，若浪涌电流不超过 $6\pi I_{T(AV)}$，晶闸管能忍受的次数是（　　）。

A. 1 次　　B. 20 次　　C. 40 次　　D. 100 次

266. 关于同步电压为锯齿波的晶体管触发电路叙述正确的是（　　）。

A. 产生的触发功率最大　　B. 适用于大容量晶闸管

C. 锯齿波线性度最好　　D. 安装零件

267. 部件的装配略图可作为拆卸零件后（　　）的依据。

A. 画零件图　　B. 重新装配成部件

C. 画总装图　　D. 安装零件

268. 手工电弧焊通常根据（　　）决定焊接电源种类。

A. 焊接厚度　　B. 焊件的成分　　C. 焊条类型　　D. 焊接的结构

269. 应用戴维南定理分析含源二端网络的目的是（　　）。

A. 求电压　　B. 求电流

C. 求电动势　　D. 用等效电源代替二端网络

270. 一正弦交流电的有效值为 10A，频率为 50Hz，初相位为 $-30°$，它的解析式为（　　）。

A. $i=10\sin(314t+30°)$ A　　B. $i=10\sin(314t-30°)$ A

C. $i=10\sqrt{2}\sin(314t-30°)$ A　　D. $i=10\sqrt{2}\sin(50t+30°)$ A

271. 额定电压为 220V 的 40W、60W 和 100W 三只灯泡串联接在 220V 的电源中，它们的发热量由大到小排列为（　　）。

A. 100W，60W，40W　　B. 40W，60W，100W

C. 100W，40W，60W　　D. 60W，100W，40W

272. 阻值为 6 欧的电阻与容抗为 8 欧的电容串联后接在交流电路中，功率因数为（　　）。

A. 0.6　　B. 0.8　　C. 0.5　　D. 0.3

273. 用单臂直流电桥测量电感线圈的直流电阻时，应（　　）。

A. 先按下电源按钮，再按下检流计按钮

B. 先按下检流计按钮，再按下电源按钮

C. 同时按下电源按钮检流计按钮

D. 无需考虑先后顺序

274. 双臂直流电桥主要用来测量（　　）。

A. 大电阻　　B. 中电阻　　C. 小电阻　　D. 小电流

275. 检流计主要用于测量（　　）。

A. 电流的大小　　B. 电压的大小　　C. 电流的有无　　D. 电阻的大小

276. 磁分路动铁式电焊变压器的原副绕组（　　）。

A. 应同心的套在一个铁芯柱上

B. 分别套在两个铁芯柱上

C. 副绕组的一部分与原绕组同心地套在一个铁芯柱上，另一部分单独套在另一个铁芯柱上

D. 副绕组的一部分与副绕组同心地套在一个铁芯柱上，另一部分单独套在另一个铁芯柱上

277. 直流弧焊发电机在使用过程中出现焊机过热现象的原因可能是（ ）。

A. 电枢线圈短路　　B. 电刷盒的弹簧压力过小

C. 换向器振动　　D. 导线接触电阻过大

278. 为了监视中、小型电力变压器的温度，可用（ ）的方法看其温度是否过高。

A. 手背触摸变压器外壳

B. 在变压器外壳上滴几滴冷水看是否立即沸腾蒸发

C. 安装温度计于变压器合适位置　　D. 测变压器室的室温

279. 汽轮发电机的转子一般做成隐极式，采用（ ）。

A. 良好导磁性能的硅钢片叠加而成　　B. 导磁性能良好的高强度合金钢锻成

C. 1～5毫米厚的钢片冲制后叠成　　D. 整块铸钢或锻钢制成

280. 同步电动机出现“失步”现象的原因是（ ）。

A. 电源电压过高　　B. 电源电压过低

C. 电动机轴上负载转矩太大　　D. 电动机轴上负载转矩太小

281. 大、中型直流电机的主绕组一般用（ ）制造。

A. 漆包铜线　　B. 绝缘铝线　　C. 扁铜线　　D. 扁铝线

282. 空心杯电枢直流电机伺服电动机有一个外定子和一个内定子，通常（ ）。

A. 外定子为永久磁钢，内定子为软磁材料

B. 外定子为软磁材料，内定子为永久磁钢

C. 内、外定子都是永久磁钢

D. 内、外定子都是软磁材料

283. 在电磁转差离合器中，如果电枢和磁极之间没有相对转速差时，（ ），也就没有转矩去磁极旋转，因此取名为“转差离合器”。

A. 磁极中不会有电流产生　　B. 磁极就不存在

C. 电枢中不会有趋肤效应产生　　D. 电枢中就不会有涡流产生

284. 使用电磁调速异步电动机调速时，电磁离合器励磁绕组的直流供电是采用（ ）。

A. 干电池　　B. 直流发电机

C. 桥式整流电路　　D. 半波可控整流电路

285. 交流电动机耐压试验的目的是考核各相绕组之间及各相绕组对机壳之间的（ ）。

A. 绝缘性能的好坏　　B. 绝缘电阻的大小

C. 所耐电压的高低　　D. 绝缘的介电强度

286. 做直流电机耐压试验时，加在被试部件上的电压由零上升至额定试验电压值后，应维持（　　）。

A. 30 秒　　B. 60 秒　　C. 3 分钟　　D. 6 分钟

287. 采用单结晶体管延时电路的晶体管时间继电器，其延时电路由（　　）等部分组成。

A. 延时环节、鉴幅器、输出电路、电源和指示灯

B. 主电路、辅助电源、双稳态触发器及其附属电路

C. 振荡电路、计数电路、输出电路、电源

D. 电磁系统、触头系统

288. 晶体管无触点开关的应用范围比普通位置开关更（　　）。

A. 窄　　B. 广　　C. 接近　　D. 极小

289. 高压负荷开关交流耐压试验在标准试验电压下持续时间为（　　）分钟。

A. 5　　B. 2　　C. 1　　D. 3

290. 高压 10kV 及以下隔离开关交流耐压试验的目的是（　　）。

A. 可以准确地测出隔离开关绝缘电阻值

B. 可以准确地测出隔离开关绝缘强度

C. 使高压隔离开关操作部分更灵活

D. 可以更有效的控制电路分合状态

291. 高压 10kV 互感器的交流耐压试验是指（　　）对外壳的工频交流耐压试验。

A. 初级线圈　　B. 次级线圈　　C. 瓷套管　　D. 线圈连同套管一起

292. 型号为 JDJJ-10 的单相三线圈油浸式户外用电压互感器，在进行大修后做交流耐压试验，其试验耐压标准为（　　）千伏。

A. 24　　B. 38　　C. 10　　D. 15

293. 对 FNI-10 型户内高压负荷隔离开关进行交流耐压试验时发现击穿，其原因是（　　）。

A. 支柱绝缘子破损，绝缘拉杆受潮　　B. 周围环境湿度减少

C. 开关动静触头接触良好　　D. 灭弧室功能完好

294. 对 CN5-10 型户内高压隔离开关进行交流耐压试验时，在升压过程中发现在绝缘拉杆有闪烁放电，造成跳闸击穿，其击穿原因是（　　）。

A. 绝缘拉杆受潮　　B. 支柱瓷瓶良好　　C. 动静触头脏污　　D. 环境湿度增加

295. B9-B25A 电流等级 B 系列交流接触器是我国引进德国技术的产品，它采用的灭弧装置是（　　）。

A. 电动力灭弧　　B. 金属栅片陶土灭弧罩

C. 窄缝灭弧　　D. 封闭式灭弧室

296. 磁吹式灭弧装置的磁吹灭弧能力与电弧电流的大小关系是（　　）。

A. 电弧电流越大磁吹灭弧能力越小　　B. 无关

C. 电弧电流越大磁吹灭弧能力越强　　D. 没有固定规律

297. 对检修后的电磁式继电器的衔铁与铁芯闭合位置更正，其歪斜度要求（ ），吸合后不应有杂音、抖动。
A. 不得超过1毫米　　B. 不得歪斜
C. 不得超过2毫米　　D. 不得超过5毫米

298. 直流电动启动时电流很大，是因为（ ）。
A. 反电势为零　　B. 电枢回路有电阻
C. 磁场变阻器电阻太大　　D. 电枢与换向器接触不好

299. 能耗制动时，直流电动机处于（ ）。
A. 发电状态　　B. 电动状态　　C. 空载状态　　D. 短路状态

300. 异步电动机采用启动补偿器启动时，其三相定子绕组的接法（ ）。
A. 只能采用三角形接法　　B. 只能采用星形接法
C. 只能采用星形/三角形接法　　D. 三角形接法及星形接法均可

301. 要使三相异步电动机反转，只要（ ）就能完成。
A. 降低电压　　B. 降低电流
C. 将认两根电源线对调　　D. 降低线路功率

302. 串励直流电动机启动时，不能（ ）启动。
A. 串电阻　　B. 降低电枢电压　　C. 空载　　D. 有载

303. 改变电枢电压调调速，常采用（ ）作为调速电源。
A. 并励直流电发动机　　B. 他励直流发电机
C. 串励直流发电机　　D. 交流发电机

304. X62W电气线路采用了完备的电气联锁措施，主轴与工作台工作的先后顺序是（ ）。
A. 工作台启动后，主轴才能启动　　B. 主轴启动后，工作台才启动
C. 工作台与主轴同时启动　　D. 工作台快速移动后，主轴启动

305. 在晶闸管调速系统中，当电流截止负反馈参与系统调节作用时，说明调速系统主电路电流（ ）。
A. 过大　　B. 正常　　C. 过小　　D. 为零

306. X62W万能铣床工作台的上下和前后进给运动是由一个（ ）控制的。该手柄与位置开关SQ3和SQ4联动，有上、下、前、后、中5个位置。
A. 按钮　　B. 接触器　　C. 手柄　　D. 组合开关

307. 将一个具有反馈的放大器的输出端短路，即三极管输出电压为0，反馈信号消失，则该放大器采用的反馈是（ ）。
A. 正反馈　　B. 负反馈　　C. 电压反馈　　D. 电流反馈

308. 推挽功率放大电路比单臂甲类功率放大电路（ ）。
A. 输出电压高　　B. 输出电流大　　C. 效率高　　D. 效率低

309. LC振荡器中，为容易起振而引入的反馈属于（ ）。
A. 正反馈　　B. 负反馈　　C. 电压反馈　　D. 电流反馈

310. 差动放大电路的作用是（　　）信号。

A. 放大共模　　B. 放大差模

C. 抑制共模　　D. 抑制共模又放大差模

311. 三极管的开关特性是（　　）。

A. 截止相当于开关接通　B. 放大相当于开关接通

C. 饱和相当于开关接通　D. 截止相当于开关断开，饱和相当于开关接通

312. 室温下，阳极加 6 伏正压，为保证可靠触发所加的门极电流应（　　）门极触发电流。

A. 小于　B. 等于　C. 大于　D. 任意

313. 同步电压为锯齿波的晶体管触发电路，以锯齿波电压为基准，在串入（　　）控制晶体管状态。

A. 交流控制电压　B. 直流控制电压　C. 脉冲信号　D. 任意波形电压

314. 三相全波可控整流电路的变压器次级中心抽头，将次级电压分为（　　）两部分。

A. 大小相等，相位相反　　B. 大小相等，相位相同

C. 大小不等，相位相反　　D. 大小不等，相位相同

315. 在三相半波可控整流电路中，控制角的最大移相范围是（　　）。

A. 90°　B. 150°　C. 180°　D. 360°

316. 电焊钳的功用是夹紧焊件和（　　）。

A. 传导电流　B. 减少电阻　C. 降低发热量　D. 保证接触良好

317. 部件测绘时，首先要对部件（　　）。

A. 画零件图　B. 拆卸成零件　C. 画装配图　D. 分析研究

318. 物流管理属于生产车间管理的（　　）。

A. 生产计划管理　B. 生产现场管理　C. 作业管理　D. 现场设备管理

319. 普通晶闸管管芯由（　　）层杂质半导体组成。

A. 1　B. 2　C. 3　D. 4

320. 纯电容电路的功率因数（　　）零。

A. 大于　B. 小于　C. 等于　D. 等于或大于

321. 某台电动机的额定功率是 1.2kW，输入功率是 1.5kW，功率因数是 0.5，电动机的效率为（　　）。

A. 0.5　B. 0.8　C. 0.7　D. 0.9

322. 低频信号发生器输出信号的频率范围是（　　）。

A. 0～20Hz　B. 20～200kHz　C. 50～100Hz　D. 100～200Hz

323. 使用低频信号发生器时（　　）。

A. 先将“电压调节”放在最小位置，再接通电源

B. 先将“电压调节”放在最大位置，再接通电源

C. 先接通电源，再将“电压调节”放在最小位置

D. 先接通电源，再将“电压调节”放在最大位置

324. 变压器负载运行时的外特性是指当原边电压和负载的功率因数一定时，副边端电压与（　　）略有下降的变化特性。

A. 时间　B. 主磁通　C. 负载电流　D. 变压比

325. 三相变压器并联运行时，要求并联运行的三相变压器变比（　　），否则不能并联运行。

A. 必须绝对相等　B. 的误差不超过±5%

C. 的误差不超过±0.5%　D. 的误差不超过±10%

326. 整流式直流电焊机磁饱和电抗器的铁芯由（　　）字形铁芯组成。

A. 一个“口”　B. 三个“口”　C. 一个“日”　D. 三个“日”

327. 整流式直流电焊机焊接电流调节范围小，其故障原因可能是（　　）。

A. 变压器初级线圈匝间短路　B. 饱和电抗器控制绕组极性接反

C. 稳压器谐振线圈短路　D. 稳压器补偿线圈匝数不恰当

328. 中、小型单速异步电动机定子绕组概念图中，每个小方块上面的箭头表示的是该段线圈组的（　　）。

A. 绕向　B. 嵌线方向　C. 电流方向　D. 电流大小

329. 水轮发电机的转子叠片磁极一般用（　　）厚的钢板冲片叠成，用铆钉铆合或用拉紧螺杆紧固成整体。

A. 1～1.5毫米　B. 2～2.5毫米　C. 3～3.5毫米　D. 4～4.5毫米

330. 直流电机中的电刷是为了引导电流，在实际应用中一般都采用（　　）。

A. 铜质电刷　B. 银质电刷　C. 金属石墨电刷　D. 电化石墨电刷

331. 交流测速发电机的输出电压与（　　）成正比。

A. 励磁电压频率　B. 励磁电压幅值　C. 输出绕组负载　D. 转速

332、低惯直流伺服电动机（　　）。

A. 输出功率大　B. 输出功率小

C. 对控制电压反应快　D. 对控制电压反应慢

333. 把封闭式异步电动机的凸缘端盖与离合器机座合并成为一个整体的叫（　　）电磁调速异步电动机。

A. 组合式　B. 整体式　C. 分立式　D. 独立式

334. 耐压试验时的交流电动机处于（　　）状态。

A. 启动　B. 正转运行　C. 反转运行　D. 静止

335. 交流电动机耐压试验中的绝缘被击穿的原因可能是（　　）。

A. 试验电压高于电机额定电压两倍　B. 笼型转子断条

C. 长期停用的电机受潮　D. 转轴弯曲

336. BG4和BG5型功率继电器主要用于电力系统（　　）。

A. 二次回路功率的测量及过载保护　B. 过流保护

C. 过电压保护　D. 功率方向的判别元件

337. 接近开关比普通位置开关更适用于操作频率（　　）的场合。

A. 极低　　B. 低　　C. 中等　　D. 高

338. 高压 10 千伏型号为 FN4-10 户内用负荷开关的最高工作电压为（　　）千伏。

A. 15　　B. 20　　C. 10　　D. 11.5

339. 高压 10kV 隔离开关的主要用途是（　　）。

A. 供高压电气设备在无负载而有电压情况下分合电路之用，检修时作电源隔离

B. 切断正常负载电路

C. 接通正常负载电路

D. 既能分合正常负载电路又能切断故障电路

340. 对于过滤及新加油的高压断路器，必须等油中气泡全部逸出后才能进行交流耐压试验，一般需静止（　　）小时左右，以免油中引起放电。

A. 5　　B. 4　　C. 3　　D. 10

341. 运行中 FN1-10 型高压负荷开关在检修时，使用 2500 伏兆欧表，测得绝缘电阻应不低于（　　）兆欧。

A. 200　　B. 300　　C. 500　　D. 800

342. LFC-10 型绝缘贯穿式复匝电流互感器，在进行交流耐压试验前，测绝缘电阻合格，按试验电压标准进行试验时发生击穿，其击穿原因是（　　）。

A. 1　　B. 2　　C. 3　　D. 0.5

343. 对额定电流 200 安的 10 千伏 GN1-10/200 型户内隔离开关，在进行交流耐压时在升压过程中支柱绝缘子有闪烁出现，造成跳闸击穿，其击穿原因是（　　）。

A. 绝缘拉杆受潮　　B. 支柱绝缘子破损

C. 动静触头脏污　　D. 周围环境湿度增加

344. LFC-10 型瓷绝缘贯穿式复匝电流互感器，在进行交流耐压试验前，测绝缘电阻合格，按试验电压标准进行试验时发生击穿，其击穿原因是（　　）。

A. 变比准确度不准　　B. 周围环境湿度大

C. 表面有脏污　　D. 产品制造质量不合格

345. 起重机电磁抱闸制动原理属于（　　）制动。

A. 电力　　B. 机械　　C. 能耗　　D. 反接

346. 直流电动机采用电枢回路串变电阻器启动时，将启动电阻（　　）。

A. 由大往小调　　B. 由小往大调

C. 不改变其大小　　D. 不一定向哪方向调

347. 改变直流电动机的电源电压进行调速，当电源电压降低其转速（　　）。

A. 升高　　B. 降低　　C. 不变　　D. 不一定

348. 串励电动机的反转宜采用励磁绕组反接法。因为串励电动机的电枢两端电压很高，励磁绕组两端的（　　），反接较容易。

A. 电压很低　　B. 电流很低　　C. 电压很高　　D. 电流很高

349. 生产第一线的质量管理叫（　　）。

A. 生产现场管理　　B. 生产现场质量管理
C. 生产现场设备管理　　D. 生产计划管理

350. 交流电机扩大机电压负反馈系统使发电机端电压（　），因而使转速也接近不变。
A. 接近不变　　B. 增大　　C. 减少　　D. 不变

二、判断题

（ ）1. 用戴维南定理解决任何复杂电路问题都方便。
（ ）2. 在交流电路中功率因数 $\cos\varphi$ 等于有功功率/（有功功率＋无功功率）。
（ ）3. 对用电器来说提高功率因数，就是提高用电器的效率。
（ ）4. 当变压器带感性负载时，副边端电压随负载电流的增大而下降较快。
（ ）5. 三相变压器连接时，Y，d 连接方式的三相变压器可接成组标号为“0”的连接组别。
（ ）6. 交流电焊机为了保证容易起弧，应具有 100 伏的空载电压。
（ ）7. 三相异步电动机定子绕组同相线圈之间的连接应顺着电流方向进行。
（ ）8. 异步启动时，同步电动机的励磁绕组不准开路，也不能将励磁绕组直接短路。
（ ）9. 并励直流电机的励磁绕组匝数多，导线截面较大。
（ ）10. 直流电动机一般都允许全电压直接启动。
（ ）11. 电动机定子绕组相与相之间所能承受的电压叫耐压。
（ ）12. 做直流电机耐压试验时，加在被试部件上的电压应由零迅速上升到额定试验电压值，并维持 1 分钟，再将电压迅速减少到零，切断电源，对被试部件进行放电后，即算试验合格。
（ ）13. 电压互感器做交流耐压试验时，次级绕组试验电压为 1000V，次级绕组可单独进行，也可与二次回路一起进行。
（ ）14. 高压负荷开关经基本试验完全合格后，方能进行交流耐压试验。
（ ）15. 隔离开关做交流耐压试验应先进行基本试验，如合格再进行耐压试验。
（ ）16. 直流电机进行能耗制动时，必须将所有电源切断。
（ ）17. Z3050 钻床摇臂升降电动机的正反转控制继电器，不允许同时得电动作，防止电源短路事故发生，在上升和下降控制电路中只采用了接触器的辅助触头互锁。
（ ）18. 桥式起重机的大车、小车和副钩电动机一般采用电磁制动器制动。
（ ）19. 实际工作中，放大三极管与开关三极管不能相互替换。
（ ）20. 晶闸管的通态平均电压越大越好。
（ ）21. 发现电桥的电池电压不足时，应及时更换，否则将影响电桥的灵敏度。
（ ）22. 搬动检流计时，必须将止动器锁上，无止动器者，要将两接线端子开路。
（ ）23. 直流电焊机使用中出现坏火时，仍可继续使用。

( ) 24. 整流式直流电焊机是一种直流弧焊电源设备。

( ) 25. 整流式直流电焊机应用的是交流电源，因此使用方便。

( ) 26. 整流式直流弧焊机控制电路中有接触不良故障时会使焊接电流不稳定。

( ) 27. 如果变压器绕组之间绝缘装置不恰当，可通过耐压试验检查出来。

( ) 28. 同步电机与异步电机一样，主要是由定子和转子两部分组成。

( ) 29. 交流耐压试验是高压电器最后一次对绝缘性能的检验。

( ) 30. 高压隔离开关，实质上就是能耐高压的闸刀开关，没有专门的灭弧装置，所以只有微弱的灭弧能力。

( ) 31. 高压 10kV 及以下的电压互感器交流耐压试验只有在通过绝缘电阻、介质损失角正切及绝缘油试验，认为绝缘正常后再进行交流耐压试验。

( ) 32. 交流电弧的特点是电流通过零点时熄灭，在下一个半波内经重燃而继续出现。

( ) 33. 额定电压 10 千伏油断路器绝缘电阻的测试，不论哪部分一律采用 2500 兆欧表进行。

( ) 34. 制动电磁铁的调试包括电磁铁冲程的调整和主弹簧压力的调整两项。

( ) 35. 最常用的数码显示器是七段显示器器件。

( ) 36. 晶闸管的通态平均电流大于 200 安培，外部均为平板式。

( ) 37. 晶闸管无论加多大正向阳极电压，均不导通。

( ) 38. 根据现有部件画出其装配图和零件图的过程，称为部件测绘。

( ) 39. 减少机械摩擦，降低供电设备的供电损耗是节约用电的主要方法之一。

( ) 40. 使用检流计时，一定要保证被测电流从“+”端流入，“−”端流出。

( ) 41. 变压器负载运行时，副绕组的感应电动势、漏抗电动势和电阻压降共同与副边输出电压相平衡。

( ) 42. 电源电压过低会使整流式直流弧焊机次级电压太低。

( ) 43. 直流电机的运行是可逆的，即一台直流电机既可作发电机运行，又可作电动机运行。

( ) 44. 不论直流发电机还是直流电动机，其换向极绕组都应与主磁极绕组串联。

( ) 45. 要改变直流电动机的转向，只要同时改变励磁电流方向及电枢电流方向即可。

( ) 46. 直流测速发电机的结构与直流伺服电动机基本相同，原理与直流发电机相似。

( ) 47. 高压互感器分高压电压互感器和高压电流互感器两大类。

( ) 48. 交流耐压试验对隔离开关来讲是检验隔离开关绝缘程度最严格、最直接、最有效的试验方法。

( ) 49. 磁吹式灭弧装置中的磁吹线圈利用扁铜线弯成，且并联在电路中。

( ) 50. 接触器触头为了保持良好接触，允许涂以质地优良的润滑油。

( ) 51. 电压负反馈调速系统静态特性要比同等放大倍数的转速负反馈调速系统

好些。

( ) 52. 在 X62W 万能铣床电气线路中采用了两地控制方式，其控制按钮是按串联连接。

( ) 53. 晶闸管加正向电压，触发电流越大，越容易导通。

( ) 54. 晶体管触发电路要求触发功率较大。

( ) 55. 单向全波可控整流电路，可通过改变控制角大小改变输出负载电压。

( ) 56. 零件测绘是根据已有零件画出其零件图和装配图的过程。

( ) 57. 直流双臂电桥可以较好地消除接线电阻和接触电阻对测量结果的影响，是因为双臂电桥的工作电流较大的缘故。

( ) 58. 由于整流式直流电焊机仅由六只二极管组成，所以其成本很低。

( ) 59. 进行变压器高压绕组的耐压试验时，应将高压边的各相线端连在一起，接到试验机高压端子上，低压边的各相线端也连在一起，并和油箱一起接地，试验电压即加在高压边与地之间。

( ) 60. 同步电机主要分同步发电机和同步电动机两类。

( ) 61. 为改善直流电机的换向，在加装换向极时，应使换向极磁路饱和。

( ) 62. 直流伺服电动机实质就是一台自励式直流电动机。

( ) 63. 交流伺服电动机电磁转矩大小取决于控制电压的大小。

( ) 64. 耐压试验时的交流电动机必须处于静止状态。

( ) 65. 互感器时电力系统中变换电压或电流的重要元件，其工作可靠性对整个电力系统具有重要意义。

( ) 66. 高压 10kV 负荷开关，经 1000V 兆欧表测得绝缘电阻不少于 1000MΩ，才可以做交流耐压试验。

( ) 67. 串励直流电动机的反接制动状态的获得，在位能负载时，可用转速反向的方法，也可用电枢直流反接的方法。

( ) 68. 直流发电机-直流电动机自动调速有两种调速方式。

( ) 69. 电压负反馈调速系统对直流电动机电枢电阻励磁电流变换带来的转速变化无法进行调节。

( ) 70. 二极管正向电阻比反向电阻大。

( ) 71. 降低电力线路和变压器等电气设备的供电损耗，是节约电能的主要途径之一。

( ) 72. 生产过程的组织是车间生产管理的基本内容。

( ) 73. 正弦交流电的有效值、频率、初相位都可以运用符号法从代数式中求出来。

( ) 74. 在感性电路中，提高用电器的效率应采用电容并联补偿法。

( ) 75. 中小型电力变压器无载调压分接开关的调节范围是其额定输出电压的±15%。

( ) 76. 只要是原、副边额定电压有效值相等的三相变压器，就可多台并联运行。

(　) 77. 直流弧焊发电机属于欠复励发电机的一种。
(　) 78. 一台三相异步电动机，磁极数为 4，转子旋转一周为 360°电角度。
(　) 79. 绘制显极式三相单速四极异步电动机定子绕组的概念图时，一共应画出十二个极相组。
(　) 80. 直流发电机在电枢绕组元件中产生的交流电动势，只是由于加装了换向器和电刷装置，才能输出直流电动势。
(　) 81. 直流并励电动机的励磁绕组不允许开路。
(　) 82. 交流电动机在耐压试验中绝缘被击穿的原因之一可能是试验电压超过额定电压两倍。
(　) 83. 电力系统存在大量的感性负载，当采用开关电器切断有电流的线路时，触头间有时会产生强烈的白光，这种白光称为电弧。
(　) 84. 只要牵引电磁铁额定电磁吸力一样，额定行程相同，而通电持续率不同，两者应用场合的适应性上就是相同的。
(　) 85. 绕线式三相异步电动机转子串频敏电阻启动是为了限制启动电流，增大启动转矩。
(　) 86. 只要任意调换三相异步电动机两相绕组所接电源的相序，电动机就反转。
(　) 87. 只要在绕线式电动机的转子电路中接入一个调速电阻，改变电阻的大小，就可平滑调速。
(　) 88. Z3050 型摇臂钻床的液压油泵电动机夹紧和放松作用，两者需采用双重联锁。
(　) 89. 机床电器装置的各种衔铁应无卡阻现象，灭弧罩完整、清洁并安装牢固。
(　) 90. 直流双臂电桥可以精确测量电阻值。
(　) 91. 绘制三相异步电动机定子绕组展开图时，应顺着电流方向把同相线圈连接起来。
(　) 92. 中、小型三相变极双速异步电动机，欲使极对数改变一倍，只要改变定子绕组的接线，使其中一半绕组中的电流反向即可。
(　) 93. 同步发电机运行时，必须在励磁绕组中通入直流电来励磁。
(　) 94. 交流测速发电机的主要特点是其输出电压与转速成正比。
(　) 95. 交磁电机扩大机具有放大倍数高、时间常数小、励磁余量大等优点，且有多个控制绕组，便于实现自动控制系统中的各种反馈。
(　) 96. 交磁电机扩大机的定子铁芯上分布有控制绕组、补偿绕组和换向绕组。
(　) 97. 直流电机灰尘大及受潮是其在耐压试验中被击穿的主要原因之一。
(　) 98. 同步电动机本身没有启动转矩，所以不能自行启动。
(　) 99. 同步电动机停车时，如需进行电力制动，最常用的方法是能耗制动。
(　) 100. 反接制动由于制动时对电机产生的冲击比较大，因此应串入限流电阻，而且仅用于小功率异步电动机。
(　) 101. 串励直流电动机启动时，常用减少电枢电压的方法来限制启动电流。

( ) 102. 同步电动机一般采用异步启动法。

( ) 103. Z37 摇臂钻床的摇臂回转是靠电机拖动实现的。

( ) 104. 数字集成电路比由分立元件组成的数字电路具有可靠性高和微型化的优点。

( ) 105. 单相全波可控整流电路，晶闸管导通角 θ 越小，输出平均电压越高。

( ) 106. 焊条必须在干燥通风良好的室内仓库中存放。

( ) 107. 在交流电路中，视在功率就是电源提供的总功率，它等于有功功率与无功功率之和。

( ) 108. 三相负载星形连接时，中线上的电流一定为零。

( ) 109. 低频信号发生器开机后需加热 30min 后方可使用。

( ) 110. 若使动圈式电焊变压器的焊接电流为最小，应使原、副绕组间的距离最大。

( ) 111. 如果变压器绕组绝缘受潮，在耐压试验时会使绝缘击穿。

( ) 112. 直流电机中的换向器用来产生换向磁场，以改善电机的换向。

( ) 113. 电磁转差离合器的主要优点是它的机械特性曲线较软。

( ) 114. 交流电动机耐压试验的目的是考核各相绕组之间及各相绕组对机壳之间的绝缘性能好坏，以确保电动机安全运行及操作人员的安全。

( ) 115. 并励直流电动机采用反接制动，经常是将正在运行的电动机电枢绕组反接。

( ) 116. 同步电动机一般都采用同步启动法。

( ) 117. 交磁扩大机的放大能力决定于控制绕组回路的匝数比。

( ) 118. T610 卧式镗床的钢球无级变速器达到极限位置，拖动变速器的电动机应当自动停车。

( ) 119. M7474B 平面磨床的工作台左右移动是点动控制。

( ) 120. 单向半波可控整流电路，无论输入电压极性如何改变，其输出电压极性不会改变。

( ) 121. 采用电弧焊时，焊条直径主要取决于焊接工件的厚度。

( ) 122. 低频信号发射器是由振荡器、功率放大器、直流稳压电源及输出极等部分组成的。

( ) 123. 三相电力变压器并联运行可提高供电的可靠性。

( ) 124. 当在同步电动机的定子三相绕组中通入三相对称交流电流时，将会产生电枢旋转磁场，该磁场的旋转方向取决于三相交流电流的初相角大小。

( ) 125. 直流电机中主磁极的作用是通入交流励磁电流，产生主磁场。

( ) 126. LJ 型接近开关比 JLXK 系列普通开关触头对数更多。

( ) 127. 直流耐压试验比交流耐压试验更容易发现高压断路器的绝缘缺陷。

( ) 128. 额定电压 10kV 断路器出厂时，交流耐压试验标准为 42V。

( ) 129. 互感器是电力系统中提供测量和保护的重要设备。

( ) 130. 开关电路触头间在断开后产生电弧，此时触头虽已分开，但由于触头间存在电弧，电路仍处于通路状态。

( ) 131. 继电器触头容量很小，一般5安以下的属于小电流电器。

( ) 132. 三相异步电动机的制动转矩可以是电磁转矩，也可以是机械转矩。

( ) 133. 或门电路，只有当输入信号全部为1时输出才会是1。

( ) 134. 在单结晶体管触发电路中，单结晶体管工作在开关状态。

( ) 135. 常用电气设备电气故障产生的原因主要是自然故障。

( ) 136. 共发射极放大电路想使静态工作点稳定，应引入正反馈。

( ) 137. 任何电流源都可转换成电压源。

( ) 138. 三相对称负载做Y连接，若每相阻抗为10Ω，接在线电压为380V的三相交流电路中，则电路的线电流为38A。

( ) 139. 电力变压器副绕组的额定电压是指变压器在空载运行时，分接开关置于额定分接头时的线电压，单位为千伏（kV）。

( ) 140. 由于直流电焊机应用的是直流电源，因此是目前使用最广泛的一种电焊机。

( ) 141. 在中、小型电力变压器的定期检查中，若通过存油柜的玻璃油位表能看到深褐色的变压器油，说明该变压器运行正常。

( ) 142. 直流并联发电机输出端如果短路，则端电压将会急剧下降，使短路电流不会很大，因此，发电机不会因短路电流而损坏。

( ) 143. 永磁式测速发电机的转子是用永久磁铁制成的。

( ) 144. 电流互感器是将高压系统中的电流或低压系统中的大电流变成低压标准的小电流（5A或1A）。

( ) 145. T610型卧式镗床主轴停车时由电磁离合器对主轴进行制动。

( ) 146. 测绘较复杂机床电气设备的电气控制线路图时，应以单元电路的主要元器件作为中心。

( ) 147. LC回路的自由振荡频率$f_0=\dfrac{1}{2\pi\sqrt{LC}}$。

( ) 148. 差动放大电路既可以双端输入，又可以双端输出。

( ) 149. 数字信号是指在时间上和数量上都不连续变化，且作用时间很短的电信号。

( ) 150. 焊丝使用前必须除去表面的油、锈等污物。

答案

一、单选题

1. C	2. B	3. B	4. C	5. B	6. A	7. C	8. B	9. B	10. A
11. B	12. A	13. B	14. D	15. A	16. D	17. B	18. C	19. C	20. C
21. B	22. D	23. C	24. D	25. A	26. D	27. B	28. B	29. D	30. C
31. D	32. D	33. D	34. C	35. C	36. D	37. D	38. D	39. D	40. B
41. A	42. C	43. D	44. A	45. B	46. B	47. C	48. B	49. A	50. A

51. A 52. A 53. B 54. B 55. C 56. C 57. D 58. C 59. A 60. B
61. A 62. D 63. C 64. A 65. A 66. B 67. B 68. C 69. D 70. A
71. C 72. B 73. C 74. D 75. B 76. C 77. D 78. A 79. C 80. B
81. C 82. A 83. A 84. C 85. D 86. D 87. C 88. D 89. B 90. B
91. D 92. C 93. B 94. D 95. D 96. B 97. C 98. B 99. D 100. A
101. B 102. B 103. B 104. B 105. A 106. B 107. C 108. D 109. A 110. B
111. D 112. A 113. A 114. B 115. A 116. A 117. B 118. A 119. B 120. B
121. A 122. D 123. A 124. A 125. B 126. A 127. B 128. D 129. A 130. B
131. D 132. D 133. C 134. B 135. C 136. B 137. A 138. A 139. B 140. A
141. C 142. D 143. A 144. B 145. C 146. C 147. D 148. B 149. B 150. A
151. C 152. B 153. A 154. B 155. A 156. D 157. A 158. A 159. B 160. D
161. D 162. B 163. D 164. C 165. D 166. D 167. D 168. A 169. C 170. C
171. D 172. C 173. C 174. A 175. B 176. B 177. A 178. A 179. B 180. D
181. B 182. B 183. A 184. B 185. A 186. B 187. B 188. D 189. C 190. A
191. A 192. C 193. C 194. D 195. A 196. C 197. D 198. B 199. A 200. C
201. A 202. B 203. A 204. D 205. A 206. D 207. B 208. A 209. A 210. A
211. B 212. A 213. C 214. D 215. B 216. D 217. A 218. D 219. B 220. A
221. D 222. C 223. A 224. D 225. A 226. A 227. B 228. B 229. B 230. C
231. B 232. C 233. B 234. D 235. B 236. B 237. D 238. D 239. B 240. A
241. A 242. A 243. D 244. C 245. D 246. D 247. D 248. A 249. B 250. C
251. D 252. C 253. B 254. A 255. C 256. A 257. A 258. C 259. A 260. D
261. B 262. C 263. B 264. C 265. B 266. D 267. B 268. C 269. D 270. C
271. B 272. A 273. A 274. C 275. C 276. C 277. A 278. C 279. A 280. D
281. C 282. A 283. A 284. D 285. A 286. B 287. A 288. C 289. C 290. B
291. B 292. B 293. A 294. A 295. D 296. B 297. A 298. A 299. A 300. B
301. C 302. C 303. A 304. B 305. A 306. C 307. C 308. A 309. B 310. D
311. D 312. C 313. B 314. A 315. C 316. A 317. B 318. D 319. D 320. D
321. B 322. B 323. A 324. C 325. A 326. D 327. D 328. C 329. A 330. D
331. D 332. C 333. A 334. D 335. C 336. D 337. D 338. D 339. A 340. C
341. B 342. D 343. B 344. C 345. B 346. A 347. B 348. A 349. B 350. C

二、判断题

1. × 2. × 3 × 4. √ 5. × 6. √ 7. √ 8. √ 9 × 10. √
11. × 12. √ 13. × 14. √ 15. √ 16. × 17. × 18. × 19. √ 20. ×
21. √ 22. × 23. √ 24. √ 25. × 26. √ 27. √ 28. × 29. × 30. ×
31. √ 32. × 33. √ 34. √ 35. √ 36. √ 37. √ 38. √ 39. × 40. ×

41. √	42. √	43. √	44. ×	45. √	46. √	47. ×	48. √	49. ×	50. ×
51. ×	52. ×	53. ×	54. ×	55. √	56. ×	57. √	58. ×	59. √	60. √
61. √	62. ×	63. ×	64. √	65. √	66. ×	67. √	68. ×	69. √	70. ×
71. √	72. √	73. √	74. ×	75. ×	76. ×	77. ×	78. ×	79. ×	80. √
81. √	82. ×	83. ×	84. ×	85. √	86. √	87. √	88. √	89. √	90. √
91. √	92. √	93. ×	94. ×	95. ×	96. ×	97. ×	98. ×	99. ×	100. √
101. √	102. √	103. ×	104. √	105. ×	106. √	107. ×	108. ×	109. ×	110. √
111. √	112. ×	113. ×	114. ×	115. ×	116. ×	117. ×	118. ×	119. ×	120. √
121. ×	122. ×	123. ×	124. ×	125. ×	126. √	127. ×	128. ×	129. ×	130. √
131. √	132. ×	133. ×	134. ×	135. ×	136. ×	137. ×	138. ×	139. √	140. ×
141. ×	142. ×	143. ×	144. √	145. √	146. ×	147. ×	148. √	149. ×	150. √

职业资格证书考核试题维修电工中级理论模拟试卷

试卷一

	单选题	是非题	总　分	复　核
得　分				
评分人				

一、单选题（第 1 题～第 120 题。选择一个正确的答案，将相应的字母填入题内的括号中。每题 0.5 分，满分 60 分。）

1. 78 及 79 系列三端集成稳压电路的封装通常采用（　　）。

A. TO-220、TO-202　　B. TO-110、TO-202

C. TO-220、TO-101　　D. TO-110、TO-220

2. Z3040 摇臂钻床中摇臂不能夹紧的可能原因是（　　）。

A. 行程开关 SQ2 安装位置不当　　B. 时间继电器定时不合适

C. 主轴电动机故障　　D. 液压系统故障

3.（　　）的工频电流通过人体时，人体尚可摆脱，称为摆脱电流。

A. 0.1mA　　B. 2mA　　C. 4mA　　D. 10mA

4. Z3040 摇臂钻床中的控制变压器比较重，所以应该安装在配电板的（　　）。

A. 下方　　B. 上方　　C. 右方　　D. 左方

5. Z3040 摇臂钻床的冷却泵电动机由（　　）控制。

A. 接插器　　B. 接触器　　C. 按钮点动　　D. 手动开关

6. 一般中型工厂的电源进线电压是（　　）。

A. 380kV　　B. 220kV　　C. 10kV　　D. 400V

7. M7130 平面磨床中，砂轮电动机的热继电器经常动作，轴承正常，砂轮进给量正常，则需要检查和调整（　　）。

A. 照明变压器　　B. 整流变压器　　C. 热继电器　　D. 液压泵电动机

8. FX2N 系列可编程控制器常开触点的串联用（　　）指令。

A. AND　　B. ANI　　C. ANB　　D. ORB

9. （　　）是人体能感觉有电的最小电流。

A. 感知电流　　B. 触电电流　　C. 伤害电流　　D. 有电电流

10. Z3040摇臂钻床中摇臂不能升降的原因是摇臂松开后KM2回路不通时，应（　　）。

A. 调整行程开关SQ2位置　　B. 重接电源相序

C. 更换液压泵　　D. 调整速度继电器位置

11. 当检测体为（　　）时，应选用高频振荡型接近开关。

A. 透明材料　　B. 不透明材料　　C. 金属材料　　D. 非金属材料

12. （　　）的工频电流通过人体时，就会有生命危险。

A. 0.1mA　　B. 1mA　　C. 15mA　　D. 50mA

13. M7130平面磨床的主电路中有（　　）接触器。

A. 三个　　B. 两个　　C. 一个　　D. 四个

14. C6150车床（　　）的正反转控制线路具有接触器互锁功能。

A. 冷却液电动机　　B. 主轴电动机

C. 快速移动电动机　　D. 润滑油泵电动机

15. 绕线式异步电动机转子串频敏变阻器启动与串电阻分级启动相比，控制线路（　　）。

A. 比较简单　　B. 比较复杂　　C. 只能手动控制　　D. 只能自动控制

16. （　　）是企业诚实守信的内在要求。

A. 维护企业信誉　　B. 增加职工福利　　C. 注重经济效益　　D. 开展员工培训

17. 接近开关的图形符号中有一个（　　）。

A. 长方形　　B. 平行四边形　　C. 菱形　　D. 正方形

18. M7130平面磨床的主电路中有（　　）熔断器。

A. 三组　　B. 两组　　C. 一组　　D. 四组

19. 磁性开关可以由（　　）构成。

A. 接触器和按钮　　B. 二极管和电磁铁

C. 三极管和永久磁铁　　D. 永久磁铁和干簧管

20. 市场经济条件下，不符合爱岗敬业要求的是（　　）的观念。

A. 树立职业理想　　B. 强化职业责任　　C. 干一行爱一行　　D. 多转行多跳槽

21. M7130平面磨床控制电路的控制信号主要来自（　　）。

A. 工控机　　B. 变频器　　C. 按钮　　D. 触摸屏

22. 对于电动机负载，熔断器熔体的额定电流应选为电动机额定电流的（　　）倍。

A. 1～1.5　　B. 1.5～2.5　　C. 2.0～3.0　　D. 2.5～3.5

23. M7130平面磨床控制电路中的两个热继电器常闭触点的连接方法是（　　）。

A. 并联　　B. 串联　　C. 混联　　D. 独立

24. M7130平面磨床控制线路中导线截面最粗的是（　　）。

A. 连接砂轮电动机M1的导线　　B. 连接电源开关QS1的导线

C. 连接电磁吸盘 YH 的导线　　D. 连接转换开关 QS2 的导线

25. 职业道德是指从事一定职业劳动的人们，在长期的职业活动中形成的（　　）。

A. 行为规范　B. 操作程序　C. 劳动技能　D. 思维习惯

26. 直流电动机（　　）、价格贵、制造麻烦、维护困难，但是启动性能好、调速范围大。

A. 结构庞大　B. 结构小巧　C. 结构简单　D. 结构复杂

27. （　　）触发电路输出尖脉冲。

A. 交流变频　B. 脉冲变压器　C. 集成　D. 单结晶体管

28. TTL 与非门电路高电平的产品典型值通常不低于（　　）伏。

A. 3　B. 4　C. 2　D. 2.4

29. 断路器中过电流脱扣器的额定电流应该大于等于线路的（　　）。

A. 最大允许电流　B. 最大过载电流　C. 最大负载电流　D. 最大短路电流

30. M7130 平面磨床控制线路中导线截面最细的是（　　）。

A. 连接砂轮电动机 M1 的导线　　B. 连接电源开关 QS1 的导线

C. 连接电磁吸盘 YH 的导线　　D. 连接冷却泵电动机 M2 的导线

31. M7130 平面磨床中，砂轮电动机和液压泵电动机都采用了接触器（　　）控制电路。

A. 自锁反转　B. 自锁正转　C. 互锁正转　D. 互锁反转

32. PLC 编程时，子程序可以有（　　）个。

A. 无限　B. 三　C. 二　D. 一

33. FX2N 系列可编程控制器计数器用（　　）表示。

A. X　B. Y　C. T　D. C

34. 晶闸管型号 KP20-8 中的 K 表示（　　）。

A. 国家代号　B. 开关　C. 快速　D. 晶闸管

35. 工作认真负责是（　　）。

A. 衡量员工职业道德水平的一个重要方面

B. 提高生产效率的障碍

C. 一种思想保守的观念

D. 胆小怕事的做法

36. 2.0 级准确度的直流单臂电桥表示测量电阻的误差不超过（　　）。

A. ±0.2%　B. ±2%　C. ±20%　D. ±0.02%

37. 并励直流电动机的励磁绕组与（　　）并联。

A. 电枢绕组　B. 换向绕组　C. 补偿绕组　D. 稳定绕组

38. 光电开关将（　　）在发射器上转换为光信号射出。

A. 输入压力　B. 输入光线　C. 输入电流　D. 输入频率

39. 普通晶闸管的额定正向平均电流是以工频（　　）电流的平均值来表示的。

A. 三角波　B. 方波　C. 正弦半波　D. 正弦全波

40. 普通晶闸管的额定电流是以工频正弦半波电流的（　　）来表示的。
A. 最小值　　B. 最大值　　C. 有效值　　D. 平均值
41. 三相异步电动机的转子由（　　）、转子绕组、风扇、转轴等组成。
A. 转子铁芯　　B. 机座　　C. 端盖　　D. 电刷
42. M7130 平面磨床中，（　　）工作后砂轮和工作台才能进行磨削加工。
A. 电磁吸盘 YH　　B. 热继电器　　C. 速度继电器　　D. 照明变压器
43. 为了促进企业的规范化发展，需要发挥企业文化的（　　）功能。
A. 娱乐　　B. 主导　　C. 决策　　D. 自律
44. 直流电动机常用的启动方法有：（　　）、降压启动等。
A. 弱磁启动　　B. Y-△启动
C. 电枢串电阻启动　　D. 变频启动
45. 新型光电开关具有体积小、功能多、寿命长、（　　）、响应速度快、检测距离远以及抗光、电、磁干扰能力强等特点。
A. 耐压高　　B. 精度高　　C. 功率大　　D. 电流大
46. 中间继电器一般用于（　　）中。
A. 网络电路　　B. 无线电路　　C. 主电路　　D. 控制电路
47. 直流电动机降低电枢电压调速时，转速只能从额定转速（　　）。
A. 升高一倍　　B. 往下降　　C. 往上升　　D. 开始反转
48. （　　）反映导体对电流起阻碍作用的大小。
A. 电动势　　B. 功率　　C. 电阻率　　D. 电阻
49. 选项（　　）不是 PLC 的特点。
A. 抗干扰能力强　　B. 编程方便　　C. 安装调试方便　　D. 功能单一
50. M7130 平面磨床中砂轮电动机的热继电器动作的原因之一是（　　）。
A. 电源熔断器 FU1 烧断两个　　B. 砂轮进给量过大
C. 液压泵电动机过载　　D. 接插器 X2 接触不良
51. M7130 平面磨床中电磁吸盘吸力不足的原因之一是（　　）。
A. 电磁吸盘的线圈内有匝间短路　　B. 电磁吸盘的线圈内有开路点
C. 整流变压器开路　　D. 整流变压器短路
52. M7130 平面磨床的三台电动机都不能启动的原因之一是（　　）。
A. 接插器 X2 损坏　　B. 接插器 X1 损坏
C. 热继电器的常开触点断开　　D. 热继电器的常闭触点断开
53. PLC 的组成部分不包括（　　）。
A. CPU　　B. 存储器　　C. 外部传感器　　D. I/O 口
54. M7130 平面磨床中，电磁吸盘退磁不好使工件取下困难，但退磁电路正常，退磁电压也正常，则需要检查和调整（　　）。
A. 退磁功率　　B. 退磁频率　　C. 退磁电流　　D. 退磁时间
55. M7130 平面磨床中三台电动机都不能启动，电源开关 QS1 和各熔断器正常，转换开关 QS2 和欠电流继电器 KUC 也正常，则需要检查修复（　　）。

A. 照明变压器 T2　B. 热继电器　C. 接插器 X1　D. 接插器 X2

56. M7130 平面磨床中三台电动机都不能启动，转换开关 QS2 正常，熔断器和热继电器也正常，则需要检查修复（　　）。

A. 欠电流继电器 KUC　B. 接插器 X1

C. 接插器 X2　D. 照明变压器 T2

57. 可编程控制器系统由（　　）、扩展单元、编程器、用户程序、程序存入器等组成。

A. 基本单元　B. 键盘　C. 鼠标　D. 外围设备

58. （　　）的方向规定由高电位点指向低电位点。

A. 电压　B. 电流　C. 能量　D. 电能

59. 选用 LED 指示灯的优点之一是（　　）。

A. 发光强　B. 用电省　C. 价格低　D. 颜色多

60. （　　）的方向规定由该点指向参考点。

A. 电压　B. 电位　C. 能量　D. 电能

61. FX2N 系列可编程控制器输出继电器用（　　）表示 。

A. X　B. Y　C. T　D. C

62. C6150 车床主电路中有（　　）台电动机需要正反转。

A. 1　B. 4　C. 3　D. 2

63. FX2N 系列可编程控制器定时器用（　　）表示。

A. X　B. Y　C. T　D. C

64. FX2N 系列可编程控制器输入继电器用（　　）表示。

A. X　B. Y　C. T　D. C

65. C6150 车床主轴电动机通过（　　）控制正反转。

A. 手柄　B. 接触器　C. 断路器　D. 热继电器

66. 可编程控制器通过编程可以灵活地改变（　　），实现改变常规电气控制电路的目的。

A. 主电路　B. 硬接线　C. 控制电路　D. 控制程序

67. 当被检测物体的表面光亮或其反光率极高时，应优先选用（　　）光电开关。

A. 光纤式　B. 槽式　C. 对射式　D. 漫反射式

68. 光电开关在环境照度较高时，一般都能稳定工作。但应回避（　　）。

A. 强光源　B. 微波　C. 无线电　D. 噪声

69. 高频振荡电感型接近开关主要由（　　）、振荡器、开关器、输出电路等组成。

A. 继电器　B. 发光二极管　C. 光电三极管　D. 感应头

70. 控制两台电动机错时启动的场合，可采用（　　）时间继电器。

A. 液压型　B. 气动型　C. 通电延时型　D. 断电延时型

71. （　　）作为集成运放的输入级。

A. 共射放大电路　　B. 共集电极放大电路
C. 共基放大电路　　D. 差动放大电路

72. (　　) 用于表示差动放大电路性能的高低。
A. 电压放大倍数　B. 功率　C. 共模抑制比　D. 输出电阻

73. 直流电动机由于换向器表面有油污导致电刷下火花过大时，应(　　)。
A. 更换电刷　　B. 重新精车
C. 清洁换向器表面　　D. 对换向器进行研磨

74. 高频振荡电感型接近开关的感应头附近有金属物体接近时，接近开关(　　)。
A. 涡流损耗减少　B. 无信号输出　C. 振荡电路工作　D. 振荡减弱或停止

75. (　　) 差动放大电路不适合单端输出。
A. 基本　B. 长尾　C. 具有恒流源　D. 双端输入

76. 压力继电器选用时首先要考虑所测对象的压力范围，还要符合电路中的(　　)，接口管径的大小。
A. 功率因数　B. 额定电压　C. 电阻率　D. 相位差

77. 可编程控制器在 RUN 模式下，执行顺序是(　　)。
A. 输入采样→执行用户程序→输出刷新
B. 执行用户程序→输入采样→输出刷新
C. 输入采样→输出刷新→执行用户程序
D. 以上都不对

78. C6150 车床控制电路中照明灯的额定电压是(　　)。
A. 交流 10V　B. 交流 24 V　C. 交流 30 V　D. 交流 6 V

79. (　　) 是变频器对电动机进行恒功率控制和恒转矩控制的分界线，应按电动机的额定频率设定。
A. 基本频率　B. 最高频率　C. 最低频率　D. 上限频率

80. PLC (　　) 阶段读入输入信号，将按钮、开关触点、传感器等输入信号读入到存储器内，读入的信号一直保持到下一次该信号再次被读入时为止，即经过一个扫描周期。
A. 输出采样　B. 输入采样　C. 程序执行　D. 输出刷新

81. PLC (　　) 阶段把逻辑解读的结果，通过输出部件输出给现场的受控元件。
A. 输出采样　B. 输入采样　C. 程序执行　D. 输出刷新

82. PLC (　　) 阶段根据读入的输入信号状态，解读用户程序逻辑，按用户逻辑得到正确的输出。
A. 输出采样　B. 输入采样　C. 程序执行　D. 输出刷新

83. 继电器接触器控制电路中的计数器，在 PLC 控制中可以用(　　)替代。
A. M　B. S　C. C　D. T

84. 以下属于多台电动机顺序控制的线路是(　　)。
A. Y-△启动控制线路

B. 一台电动机正转时不能立即反转的控制线路

C. 一台电动机启动后另一台电动机才能启动的控制线路

D. 两处都能控制电动机启动和停止的控制线路

85. 将接触器 KM1 的常开触点串联到接触器 KM2 线圈电路中的控制电路能够实现（　　）。

A. KM1 控制的电动机先停止，KM2 控制的电动机后停止的控制功能

B. KM2 控制的电动机停止时 KM1 控制的电动机也停止的控制功能

C. KM2 控制的电动机先启动，KM1 控制的电动机后启动的控制功能

D. KM1 控制的电动机先启动，KM2 控制的电动机后启动的控制功能

86. C6150 车床的 4 台电动机中，配线最粗的是（　　）。

A. 快速移动电动机　　B. 冷却液电动机

C. 主轴电动机　　D. 润滑泵电动机

87. （　　）不是 PLC 主机的技术性能范围。

A. 本机 I/O 口数量　　B. 高速计数输入个数

C. 高速脉冲输出　　D. 按钮开关种类

88. （　　）和干簧管可以构成磁性开关。

A. 永久磁铁　　B. 继电器　　C. 二极管　　D. 三极管

89. 位置控制就是利用生产机械运动部件上的挡铁与（　　）碰撞来控制电动机的工作状态。

A. 断路器　　B. 位置开关　　C. 按钮　　D. 接触器

90. C6150 车床主电路中（　　）触点接触不良将造成主轴电动机不能正转。

A. 转换开关　　B. 中间继电器　　C. 接触器　　D. 行程开关

91. C6150 车床主电路有电，控制电路不能工作时，应首先检修（　　）。

A. 电源进线开关　　B. 接触器 KM1 或 KM2

C. 控制变压器 TC　　D. 三位置自动复位开关 SA1

92. FX2N 可编程控制器继电器输出型，不可以（　　）。

A. 输出高速脉冲　　B. 直接驱动交流指示灯

C. 驱动额定电流下的交流负载　　D. 驱动额定电流下的直流负载

93. C6150 车床主轴电动机只能正转不能反转时，应首先检修（　　）。

A. 电源进线开关　　B. 接触器 KM1 或 KM2

C. 三位置自动复位开关 SA1　　D. 控制变压器 TC

94. C6150 车床 4 台电动机都缺相无法启动时，应首先检修（　　）。

A. 电源进线开关　　B. 接触器 KM1

C. 三位置自动复位开关 SA1　　D. 控制变压器 TC

95. 磁性开关在使用时要注意磁铁与干簧管之间的有效距离在（　　）左右。

A. 10cm　　B. 10dm　　C. 10mm　　D. 1mm

96. FX2N 可编程控制器继电器输出型，可以（　　）。

A. 输出高速脉冲　　B. 直接驱动交流电动机
C. 驱动大功率负载　　D. 控制额定电流下的交直流负载

97. Z3040 摇臂钻床主电路中的四台电动机，有（　　）台电动机需要正反转控制。
A. 2　　B. 3　　C. 4　　D. 1

98. Z3040 摇臂钻床中的主轴电动机，（　　）。
A. 由接触器 KM1 控制单向旋转　　B. 由接触器 KM1 和 KM2 控制正反转
C. 由接触器 KM1 控制点动工作　　D. 由接触器 KM1 和 KM2 控制点动正反转

99. 增量式光电编码器由于采用固定脉冲信号，因此旋转角度的起始位置（　　）。
A. 是出厂时设定的　　B. 可以任意设定
C. 使用前设定后不能变　　D. 固定在码盘上

100. 三相笼型异步电动机电源反接制动时需要在（　　）中串入限流电阻。
A. 直流回路　　B. 控制回路　　C. 定子回路　　D. 转子回路

101. PLC 梯形图编程时，右端输出继电器的线圈能并联（　　）个。
A. 1　　B. 不限　　C. 0　　D. 2

102. （　　）是可编程控制器使用较广的编程方式。
A. 功能表图　　B. 梯形图　　C. 位置图　　D. 逻辑图

103. 对于小型开关量 PLC 梯形图程序，一般只有（　　）。
A. 初始化程序　　B. 子程序　　C. 中断程序　　D. 主程序

104. 计算机对 PLC 进行程序下载时，需要使用配套的（　　）。
A. 网络线　　B. 接地线　　C. 电源线　　D. 通信电缆

105. 增量式光电编码器配线延长时，应在（　　）以下。
A. 1km　　B. 100m　　C. 1m　　D. 10m

106. PLC 编程软件通过计算机，可以对 PLC 实施（　　）。
A. 编程　　B. 运行控制　　C. 监控　　D. 以上都是

107. 软启动器的（　　）功能用于防止离心泵停车时的“水锤效应”。
A. 软停机　　B. 非线性软制动　　C. 自由停机　　D. 直流制动

108. 对于晶体管输出型可编程控制器其所带负载只能是额定（　　）电源供电。
A. 交流　　B. 直流　　C. 交流或直流　　D. 高压直流

109. 可编程控制器的接地线截面一般大于（　　）。
A. $1mm^2$　　B. $1.5mm^2$　　C. $2mm^2$　　D. $2.5mm^2$

110. PLC 总体检查时，首先检查电源指示灯是否亮。如果不亮，则检查（　　）。
A. 电源电路　　B. 有何异常情况发生
C. 熔丝是否完好　　D. 输入输出是否正常

111. 对于晶闸管输出型 PLC，要注意负载电源为（　　），并且不能超过额定值。
A. AC 600V　　B. AC 220V　　C. DC 220V　　D. DC 24V

112. 测量直流电流时应注意电流表的（　　）。
A. 量程　　B. 极性　　C. 量程及极性　　D. 误差

113. 在日常工作中，对待不同对象，态度应真诚热情、（　　）。

A. 尊卑有别　　B. 女士优先　　C. 一视同仁　　D. 外宾优先

114. 常见的电伤包括（　　）。

A. 电弧烧伤　　B. 电烙印　　C. 皮肤金属化　　D. 以上都是

115. 下列关于勤劳节俭的论述中，正确的选项是（　　）。

A. 勤劳一定能使人致富　　B. 勤劳节俭有利于企业持续发展

C. 新时代需要巧干，不需要勤劳　　D. 新时代需要创造，不需要节俭

116. 喷灯点火时，（　　）严禁站人。

A. 喷灯左侧　　B. 喷灯前　　C. 喷灯右侧　　D. 喷嘴后

117. 盗窃电能的，由电力管理部门追缴电费并处应交电费（　　）以下的罚款。

A. 三倍　　B. 十倍　　C. 四倍　　D. 五倍

118. 异步电动机的铁芯应该选用（　　）。

A. 永久磁铁　　B. 永磁材料　　C. 软磁材料　　D. 硬磁材料

119. 变压器的基本作用是在交流电路中变电压、（　　）、变阻抗、变相位和电气隔离。

A. 变磁通　　B. 变电流　　C. 变功率　　D. 变频率

120. 根据电动机顺序启动梯形图，下列指令正确的是（　　）。

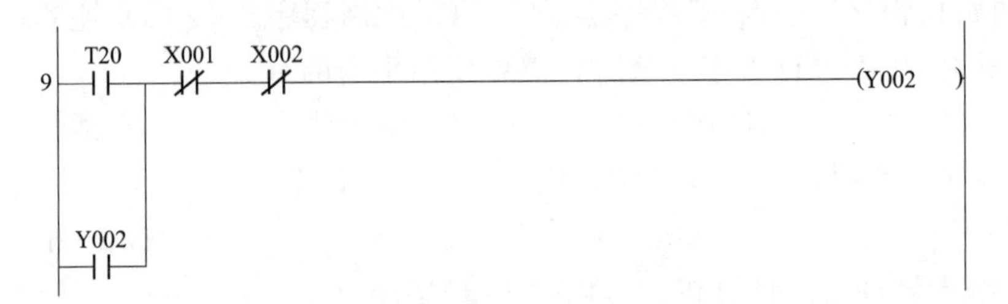

A. LDI T20　　B. AND X001　　C. OUT Y002　　D. AND X002

二、**是非题**（第121题～第200题。将判断结果填入括号中。正确的填√，错误的填×。每题0.5分，满分40分。）

121.（　）对于图示的PLC梯形图，程序中元件安排不合理。

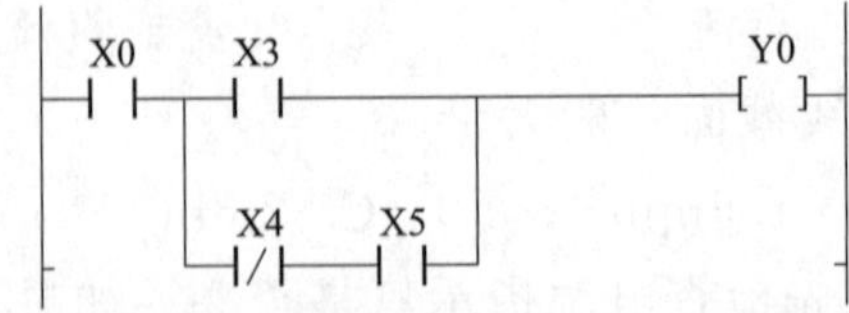

122.（　）制定电力法的目的是为了保障和促进电力事业的发展，维护电力投资者、经营者和使用者的合法权益，保障电力安全运行。

123.（　）登高作业安全用具应定期做静拉力试验，起重工具应做静荷重试验。

124.（　）变压器是根据电磁感应原理而工作的，它能改变交流电压和直流电压。

125.（　）PLC之所以具有较强的抗干扰能力，是因为PLC输入端采用了光电耦合输入方式。

126.（ ）三相异步电动机工作时，其转子的转速不等于旋转磁场的转速。
127.（ ）用计算机对 PLC 进行程序下载时，需要使用配套的通信电缆。
128.（ ）三相异步电动机的位置控制电路中是由位置开关控制启动的。
129.（ ）可编程控制器的工作过程是并行扫描工作过程，其工作过程分为三个阶段。
130.（ ）Z3040 摇臂钻床加工螺纹时主轴需要正反转，因此主轴电动机需要正反转控制。
131.（ ）使直流电动机反转的方法之一是：将电枢绕组两头反接。
132.（ ）M7130 平面磨床的控制电路由直流 220V 电压供电。
133.（ ）M7130 平面磨床电气控制线路中的三个电阻安装在配电板外。
134.（ ）控制变压器与普通变压器的不同之处是效率很高。
135.（ ）单结晶体管是一种特殊类型的二极管。
136.（ ）PLC 编程时，子程序至少要有一个。
137.（ ）多台电动机的顺序控制功能无法在主电路中实现。
138.（ ）职业道德是一种强制性的约束机制。
139.（ ）三相异步电动机能耗制动时定子绕组中通入单相交流电。
140.（ ）在不能估计被测电路电流大小时，最好先选择量程足够大的电流表，粗测一下，然后根据测量结果，正确选用量程适当的电流表。
141.（ ）劳动者患病或负伤，在规定的医疗期内的，用人单位不得解除劳动合同。
142.（ ）三端集成稳压电路可分正输出电压和负输出电压两大类。
143.（ ）FX2N 系列可编程控制器的地址是按十进制编制的。
144.（ ）在进行 PLC 系统设计时，I/O 点数的选择应该略大于系统计算的点数。
145.（ ）FX2N 系列可编程控制器梯形图规定元件的地址必须在有效范围内。
146.（ ）复合逻辑门电路由基本逻辑门电路组成，如与非门、或非门等。
147.（ ）单相半波可控整流电路中，控制角 α 越大，输出电压 U_d 越大。
148.（ ）直流电动机结构简单、价格便宜、制造方便、调速性能好。
149.（ ）软启动器可用于降低电动机的启动电流，防止启动时产生力矩的冲击。
150.（ ）M7130 平面磨床的控制电路由交流 380V 电压供电。
151.（ ）变频器是利用交流电动机的同步转速随定子电压频率的变化而变化的特性而实现电动机调速运行的装置。
152.（ ）直流电动机启动时，励磁回路的调节电阻应该调到最大。
153.（ ）当被检测物体的表面光亮或其反光率极高时，漫反射式光电开关是首选的检测模式。
154.（ ）一台变频器拖动多台电动机时，变频器的容量应比多台电动机的容量之和要大，且型号选择要选矢量控制方式的高性能变频器。
155.（ ）中间继电器选用时主要考虑触点的对数、触点的额定电压和电流、线圈的额定电压等。
156.（ ）安装变频器接线时不要将进线电源接到变频器的输出端。
157.（ ）绕线式异步电动机转子串适当的电阻启动时，既能减小启动电流，又能增大启动转矩。

158.（ ）FX2N 系列可编程控制器的地址是按八进制编制的。

159.（ ）电气控制线路中的指示灯要根据所指示的功能不同而选用不同的颜色。

160.（ ）一台电动机启动后另一台电动机才能启动的控制方式称为顺序控制。

161.（ ）Z3040 摇臂钻床控制电路的电源电压为交流 110V。

162.（ ）Z3040 摇臂钻床的主轴电动机由接触器 KM1 和 KM2 控制正反转。

163.（ ）Z3040 摇臂钻床主轴电动机的控制电路中没有互锁环节。

164.（ ）三相异步电动机电源反接制动的主电路与反转的主电路类似。

165.（ ）磁性开关的作用与行程开关类似，因此与行程开关的符号完全一样。

166.（ ）Z3040 摇臂钻床中行程开关 SQ2 安装位置不当或发生移动时会造成摇臂夹不紧。

167.（ ）软启动器可用于频繁或不频繁启动，建议每小时不超过 20 次。

168.（ ）一台软启动器“一拖二”工作时，若两台电动机容量不同，应预先设置两套启动参数。

169.（ ）I/O 点数、用户存储器类型、容量等都属于可编程控制器的技术参数。

170.（ ）FX2N-40ER 表示 F 系列扩展单元，输入和输出总点数为 40，继电器输出方式。

171.（ ）PLC 编程软件只能对 PLC 进行编程。

172.（ ）PLC 编程方便，易于使用。

173.（ ）扳手可以用来剪切细导线。

174.（ ）直流双臂电桥有电桥电位接头和电流接头。

175.（ ）事业成功的人往往具有较高的职业道德。

176.（ ）企业活动中，员工之间要团结合作。

177.（ ）磁性开关由电磁铁和继电器构成。

178.（ ）M7130 平面磨床的主电路中有三个接触器。

179.（ ）FX2N 可编程控制器有 4 种输出类型。

180.（ ）普通晶闸管是四层半导体结构。

181.（ ）软启动器的日常维护应由使用人员自行开展。

182.（ ）PLC 中输入和输出继电器的触点可使用无限次。

183.（ ）可编程控制器采用的是循环扫描工作方式。

184.（ ）FX2N PLC 共有 100 个定时器。

185.（ ）电机、电器的铁芯通常都是用软磁性材料制作。

186.（ ）PLC 可以进行运动控制。

187.（ ）变压器的器身主要由铁芯和绕组这两部分所组成。

188.（ ）FX2N 可编程控制器 DC 输入型是低电平有效。

189.（ ）FX2N 系列可编程控制器辅助继电器用 M 表示。

190.（ ）Z3040 摇臂钻床的主电路中有四台电动机。

191.（ ）一般电路由电源、负载和中间环节三个基本部分组成。

192.（ ）Y接法的异步电动机可选用两相结构的热继电器。

193.（ ）PLC不能应用于过程控制。

194.（ ）交流接触器与直流接触器的使用场合不同。

195.（ ）当检测体为金属材料时，应选用电容型接近开关。

196.（ ）PLC的输入采用光电耦合提高抗干扰能力。

197.（ ）工作不分大小，都要认真负责。

198.（ ）CPU是PLC的重要组成部分。

199.（ ）当直流单臂电桥达到平衡时，检流计值越大越好。

200.（ ）PLC通电前的检查，首先确认输入电源电压和相序。

答案

一、

1.	A	2.	D	3.	D	4.	A	5.	D	6.	C
7.	C	8.	A	9.	A	10.	A	11.	C	12.	D
13.	B	14.	B	15.	A	16.	A	17.	C	18.	C
19.	D	20.	D	21.	C	22.	B	23.	B	24.	B
25.	A	26.	D	27.	D	28.	D	29.	C	30.	C
31.	B	32.	A	33.	D	34.	D	35.	A	36.	B
37.	A	38.	C	39.	C	40.	D	41.	A	42.	A
43.	D	44.	C	45.	B	46.	D	47.	B	48.	D
49.	D	50.	B	51.	A	52.	D	53.	C	54.	D
55.	B	56.	A	57.	A	58.	A	59.	B	60.	B
61.	B	62.	D	63.	C	64.	A	65.	B	66.	D
67.	D	68.	A	69.	D	70.	C	71.	D	72.	C
73.	C	74.	D	75.	A	76.	B	77.	A	78.	B
79.	A	80.	B	81.	D	82.	C	83.	C	84.	C
85.	D	86.	C	87.	D	88.	A	89.	B	90.	C
91.	C	92.	A	93.	B	94.	A	95.	C	96.	D
97.	A	98.	A	99.	B	100.	C	101.	B	102.	B
103.	D	104.	D	105.	D	106.	D	107.	A	108.	B
109.	C	110.	A	111.	B	112.	C	113.	C	114.	D
115.	B	116.	B	117.	D	118.	C	119.	B	120.	C

二、

121～125	126～130	131～135	136～140	141～145	146～150
√√√×√	√√×××	√×××√	××××√	√√×√√	√××√√
151～155	156～160	161～165	166～170	171～175	176～180
√×√×√	√√√√√	√×√√×	×√√√√	×√×√√	√×××√
181～185	186～190	191～195	196～200		
×√√×√	√√√√√	√√×√×	√√√××		

试卷二

	单选题	是非题	总 分	复 核
得 分				
评分人				

一、单选题（第1题～第120题。选择一个正确的答案，将相应的字母填入题内的括号中。每题0.5分，满分60分。）

1. 变配电设备线路检修的安全技术措施为（　　）。
   A. 停电、验电　B. 装设接地线
   C. 悬挂标示牌和装设遮栏　D. 以上都是
2. 变频器的干扰有：电源干扰、地线干扰、串扰、公共阻抗干扰等。尽量缩短电源线和地线是竭力避免（　　）。
   A. 电源干扰　B. 地线干扰　C. 串扰　D. 公共阻抗干扰
3. 劳动者的基本义务包括（　　）等。
   A. 遵守劳动纪律　B. 获得劳动报酬　C. 休息　D. 休假
4. 扳手的手柄长度越短，使用起来越（　　）。
   A. 麻烦　B. 轻松　C. 省力　D. 费力
5. 直流电动机按照励磁方式可分他励、并励、（　　）和复励四类。
   A. 电励　B. 混励　C. 串励　D. 自励
6. 光电开关的配线不能与（　　）放在同一配线管或线槽内。
   A. 光纤线　B. 网络线　C. 动力线　D. 电话线
7. 光电开关可以（　　）、无损伤地迅速检测和控制各种固体、液体、透明体、黑体、柔软体、烟雾等物质的状态。
   A. 高亮度　B. 小电流　C. 非接触　D. 电磁感应
8. 劳动者的基本权利包括（　　）等。
   A. 完成劳动任务　B. 提高职业技能
   C. 遵守劳动纪律和职业道德　D. 接受职业技能培训
9. 爱岗敬业作为职业道德的重要内容，是指员工（　　）。
   A. 热爱自己喜欢的岗位　B. 热爱有钱的岗位
   C. 强化职业责任　D. 不应多转行
10. 变压器油属于（　　）。
    A. 固体绝缘材料　B. 液体绝缘材料　C. 气体绝缘材料　D. 导体绝缘材料
11. 劳动者的基本权利包括（　　）等。
    A. 完成劳动任务　B. 提高职业技能
    C. 请假外出　D. 提请劳动争议处理

12. 接通主电源后，软启动器虽处于待机状态，但电动机有“嗡嗡”响。此故障不可能的原因是（　　）。
    A. 晶闸管短路故障　　B. 旁路接触器有触点粘连
    C. 触发电路不工作　　D. 启动线路接线错误
13. 劳动者的基本权利包括（　　）等。
    A. 完成劳动任务　　B. 提高生活水平
    C. 执行劳动安全卫生规程　　D. 享有社会保险和福利
14. 劳动者的基本权利包括（　　）等。
    A. 完成劳动任务　　B. 提高职业技能
    C. 执行劳动安全卫生规程　　D. 获得劳动报酬
15. 劳动者的基本义务包括（　　）等。
    A. 执行劳动安全卫生规程　　B. 超额完成工作
    C. 休息　　D. 休假
16. 信号发生器的幅值衰减 20dB，其表示输出信号（　　）倍。
    A. 衰减 20　　B. 衰减 1　　C. 衰减 10　　D. 衰减 100
17. 并联电路中加在每个电阻两端的电压都（　　）。
    A. 不等　　B. 相等
    C. 等于各电阻上电压之和　　D. 分配的电流与各电阻值成正比
18. 劳动者的基本义务包括（　　）等。
    A. 提高职业技能　　B. 获得劳动报酬　　C. 休息　　D. 休假
19. 爱岗敬业的具体要求是（　　）。
    A. 看效益决定是否爱岗　　B. 转变择业观念
    C. 提高职业技能　　D. 增强把握择业的机遇意识
20. 以下属于多台电动机顺序控制的线路是（　　）。
    A. 一台电动机正转时不能立即反转的控制线路
    B. Y－△启动控制线路
    C. 电梯先上升后下降的控制线路
    D. 电动机 2 可以单独停止，电动机 1 停止时电动机 2 也停止的控制线路
21. 差动放大电路能放大（　　）。
    A. 直流信号　　B. 交流信号　　C. 共模信号　　D. 差模信号
22. 在市场经济条件下，职业道德具有（　　）的社会功能。
    A. 鼓励人们自由选择职业　　B. 遏制牟利最大化
    C. 促进人们的行为规范化　　D. 最大限度地克服人们受利益驱动
23. 按照功率表的工作原理，所测得的数据是被测电路中的（　　）。
    A. 有功功率　　B. 无功功率　　C. 视在功率　　D. 瞬时功率
24. 严格执行安全操作规程的目的是（　　）。
    A. 限制工人的人身自由

B. 企业领导刁难工人

C. 保证人身和设备的安全以及企业的正常生产

D. 增强领导的权威性

25. 对于电阻性负载，熔断器熔体的额定电流（　　）线路的工作电流。

A. 远大于　　B. 不等于

C. 等于或略大于　　D. 等于或略小于

26. 直流电动机结构复杂、价格贵、制造麻烦、维护困难，但是（　　）、调速范围大。

A. 启动性能差　　B. 启动性能好　　C. 启动电流小　　D. 启动转矩小

27. 变压器的基本作用是在交流电路中变电压、变电流、（　　）、变相位和电气隔离。

A. 变磁通　　B. 变频率　　C. 变功率　　D. 变阻抗

28. 直流单臂电桥接入被测量电阻时，连接导线应（　　）。

A. 细、长　　B. 细、短　　C. 粗、短　　D. 粗、长

29. 变频器是通过改变交流电动机定子电压、频率等参数来（　　）的装置。

A. 调节电动机转速　　B. 调节电动机转矩

C. 调节电动机功率　　D. 调节电动机性能

30. 交流接触器一般用于控制（　　）的负载。

A. 弱电　　B. 无线电　　C. 直流电　　D. 交流电

31. 固定偏置共射极放大电路，已知 $R_B=300k\Omega$，$R_C=4\ K\Omega$，$Ucc=12V$，$\beta=50$，则 I_{BQ} 为（　　）。

A. $40\mu A$　　B. $30\mu A$　　C. $40mA$　　D. $10\mu A$

32. 一般电路由（　　）、负载和中间环节三个基本部分组成。

A. 电线　　B. 电压　　C. 电流　　D. 电源

33. 直流电动机的定子由机座、（　　）、换向极、电刷装置、端盖等组成。

A. 主磁极　　B. 转子　　C. 电枢　　D. 换向器

34. 直流单臂电桥测量十几欧姆电阻时，比例应选为（　　）。

A. 0.001　　B. 0.01　　C. 0.1　　D. 1

35. 在市场经济条件下，（　　）是职业道德社会功能的重要表现。

A. 克服利益导向　　B. 遏制牟利最大化

C. 增强决策科学化　　D. 促进员工行为的规范化

36. 变频器是把电压、频率固定的交流电变换成（　　）可调的交流电的变换器。

A. 电压、频率　　B. 电流、频率　　C. 电压、电流　　D. 相位、频率

37. 变频器是通过改变（　　）电压、频率等参数来调节电动机转速的装置。

A. 交流电动机定子　　B. 交流电动机转子

C. 交流电动机定子、转子　　D. 交流电动机磁场

38. 直流双臂电桥的桥臂电阻均应大于（　　）Ω。

A. 10　B. 30　C. 20　D. 50

39. 电压型逆变器采用电容滤波，电压较稳定，（　　），调速动态响应较慢，适用于多电动机传动及不可逆系统。

A. 输出电流为矩形波或阶梯波　B. 输出电压为矩形波或阶梯波

C. 输出电压为尖脉冲　D. 输出电流为尖脉冲

40. 直流电动机启动时，随着转速的上升，要（　　）电枢回路的电阻。

A. 先增大后减小　B. 保持不变　C. 逐渐增大　D. 逐渐减小

41. 对于工作环境恶劣、启动频繁的异步电动机，所用热继电器热元件的额定电流可选为电动机额定电流的（　　）倍。

A. 0.95～1.05　B. 0.85～0.95　C. 1.05～1.15　D. 1.15～1.50

42. 直流电动机弱磁调速时，转速只能从额定转速（　　）。

A. 降低一倍　B. 开始反转　C. 往上升　D. 往下降

43. 电气控制线路中的启动按钮应选用（　　）颜色。

A. 绿　B. 红　C. 蓝　D. 黑

44. 行程开关根据安装环境选择防护方式，如开启式或（　　）。

A. 防火式　B. 塑壳式　C. 防护式　D. 铁壳式

45. 部分电路欧姆定律反映了在（　　）的一段电路中，电流与这段电路两端的电压及电阻的关系。

A. 含电源　B. 不含电源

C. 含电源和负载　D. 不含电源和负载

46. 基本频率是变频器对电动机进行恒功率控制和恒转矩控制的分界线，应按（　　）设定。

A. 电动机额定电压时允许的最小频率

B. 上限工作频率

C. 电动机的允许最高频率

D. 电动机的额定电压时允许的最高频率

47. 下列说法中，不符合语言规范具体要求的是（　　）。

A. 语感自然，不呆板　B. 用尊称，不用忌语

C. 语速适中，不快不慢　D. 多使用幽默语言，调节气氛

48. 变频器常见的频率给定方式主要有操作器键盘给定、控制输入端给定、模拟信号给定及通信方式给定等，来自 PLC 控制系统的给定不采用（　　）方式。

A. 键盘给定　B. 控制输入端给定

C. 模拟信号给定　D. 通信方式给定

49. 当检测体为（　　）时，应选用电容型接近开关。

A. 透明材料　B. 不透明材料　C. 金属材料　D. 非金属材料

50. 变频器的主电路接线时须采取强制保护措施，电源侧加（　　）。

A. 熔断器与交流接触器　B. 熔断器

C. 漏电保护器　　D. 热继电器

51. 选用接近开关时应注意对（　　）、负载电流、响应频率、检测距离等各项指标的要求。

A. 工作功率　　B. 工作频率　　C. 工作电流　　D. 工作电压

52. 选用接近开关时应注意对工作电压、负载电流、响应频率、（　　）等各项指标的要求。

A. 检测距离　　B. 检测功率　　C. 检测电流　　D. 工作速度

53. 选用接近开关时应注意对工作电压、（　　）、响应频率、检测距离等各项指标的要求。

A. 工作速度　　B. 工作频率　　C. 负载电流　　D. 工作功率

54. 变频器的控制电缆布线应尽可能远离供电电源线，（　　）。

A. 用平行电缆且单独走线槽　　B. 用屏蔽电缆且汇入走线槽

C. 用屏蔽电缆且单独走线槽　　D. 用双绞线且汇入走线槽

55. 磁性开关在使用时要注意磁铁与（　　）之间的有效距离在10mm左右。

A. 干簧管　　B. 磁铁　　C. 触点　　D. 外壳

56. Z3040摇臂钻床主电路中有（　　）台电动机。

A. 1　　B. 3　　C. 4　　D. 2

57. 软启动器的晶闸管调压电路组件主要由动力底座、（　　）、限流器、通信模块等选配模块组成。

A. 输出模块　　B. 以太网模块　　C. 控制单元　　D. 输入模块

58. 就交流电动机各种启动方式的主要技术指标来看，性能最佳的是（　　）。

A. 全压启动　　B. 恒压启动　　C. 变频启动　　D. 软启动

59. Z3040摇臂钻床的液压泵电动机由按钮、行程开关、时间继电器和接触器等构成的（　　）控制电路来控制。

A. 单向启动停止　　B. 自动往返　　C. 正反转短时　　D. 减压启动

60. 变频启动方式比软启动器的启动转矩（　　）。

A. 大　　B. 小　　C. 一样　　D. 小很多

61. FX2N系列可编程控制器输出继电器用（　　）表示。

A. X　　B. Y　　C. T　　D. C

62. FX2N系列可编程控制器输入常开点用（　　）指令。

A. LD　　B. LDI　　C. OR　　D. ORI

63. Z3040摇臂钻床主轴电动机由按钮和接触器构成的（　　）控制电路来控制。

A. 单向启动停止　　B. 正反转　　C. 点动　　D. 减压启动

64. PLC的辅助继电器、定时器、计数器、输入和输出继电器的触点可使用（　　）次。

A. 一　　B. 二　　C. 三　　D. 无限

65. PLC梯形图编程时，输出继电器的线圈并联在（　　）。

A. 左端　　B. 右端　　C. 中间　　D. 不限

66. Z3040 摇臂钻床中的摇臂升降电动机，（　　）。

A. 由接触器 KM1 控制单向旋转　B. 由接触器 KM2 和 KM3 控制点动正反转

C. 由接触器 KM2 控制点动工作　D. 由接触器 KM1 和 KM2 控制自动往返工作

67. 单结晶体管触发电路输出（　　）。

A. 双脉冲　　B. 尖脉冲　　C. 单脉冲　　D. 宽脉冲

68. Z3040 摇臂钻床中利用（　　）实行摇臂上升与下降的限位保护。

A. 电流继电器　　B. 光电开关　　C. 按钮　　D. 行程开关

69. Z3040 摇臂钻床中液压泵电动机的正反转具有（　　）功能。

A. 接触器互锁　　B. 双重互锁　　C. 按钮互锁　　D. 电磁阀互锁

70. PLC 梯形图编程时，右端输出继电器的线圈只能并联（　　）个。

A. 三　　B. 二　　C. 一　　D. 不限

71. PLC 编程时，主程序可以有（　　）个。

A. 一　　B. 二　　C. 三　　D. 无限

72. Z3040 摇臂钻床中利用行程开关实现摇臂上升与下降的（　　）。

A. 制动控制　　B. 自动往返　　C. 限位保护　　D. 启动控制

73. 三相异步电动机再生制动时，转子的转向与旋转磁场相同，转速（　　）同步转速。

A. 小于　　B. 大于　　C. 等于　　D. 小于等于

74. 可编程控制器的梯形图规定串联和并联的触点数是（　　）。

A. 有限的　　B. 无限的　　C. 最多 8 个　　D. 最多 16 个

75. Z3040 摇臂钻床中摇臂不能夹紧的可能原因是（　　）。

A. 速度继电器位置不当　　B. 行程开关 SQ3 位置不当

C. 时间继电器定时不合适　　D. 主轴电动机故障

76. 增量式光电编码器根据信号传输距离选型时要考虑（　　）。

A. 输出信号类型　B. 电源频率　　C. 环境温度　　D. 空间高度

77. 三相异步电动机的各种电气制动方法中，最节能的制动方法是（　　）。

A. 再生制动　　B. 能耗制动　　C. 反接制动　　D. 机械制动

78. 笼型异步电动机启动时冲击电流大，是因为启动时（　　）。

A. 电动机转子绕组电动势大　　B. 电动机温度低

C. 电动机定子绕组频率低　　D. 电动机的启动转矩大

79. Z3040 摇臂钻床中摇臂不能升降的原因是液压泵转向不对时，应（　　）。

A. 调整行程开关 SQ2 位置　　B. 重接电源相序

C. 更换液压泵　　D. 调整行程开关 SQ3 位置

80. Z3040 摇臂钻床中摇臂不能夹紧的原因是液压系统压力不够时，应（　　）。

A. 调整行程开关 SQ2 位置　　B. 重接电源相序

C. 更换液压泵　　D. 调整行程开关 SQ3 位置

81. Z3040摇臂钻床中摇臂不能夹紧的原因是液压泵电动机过早停转时，应（　　）。

A. 调整速度继电器位置　　B. 重接电源相序

C. 更换液压泵　　D. 调整行程开关SQ3位置

82. 将程序写入可编程控制器时，首先将（　　）清零。

A. 存储器　　B. 计数器　　C. 计时器　　D. 计算器

83. 对于继电器输出型可编程控制器其所带负载只能是额定（　　）电源供电。

A. 交流　　B. 直流　　C. 交流或直流　　D. 低压直流

84. 劳动者的基本义务包括（　　）等。

A. 完成劳动任务　　B. 获得劳动报酬　　C. 休息　　D. 休假

85. 劳动者解除劳动合同，应当提前（　　）以书面形式通知用人单位。

A. 5日　　B. 10日　　C. 15日　　D. 30日

86. 养成爱护企业设备的习惯，（　　）。

A. 在企业经营困难时，是很有必要的

B. 对提高生产效率是有害的

C. 对于效益好的企业，是没有必要的

D. 是体现职业道德和职业素质的一个重要方面

87. 选用绝缘材料时应该从电气性能、机械性能、（　　）、化学性能、工艺性能及经济性等方面来进行考虑。

A. 电流大小　　B. 磁场强弱　　C. 气压高低　　D. 热性能

88. 测量直流电压时应注意电压表的（　　）。

A. 量程　　B. 极性　　C. 量程及极性　　D. 误差

89. 职工上班时符合着装整洁要求的是（　　）。

A. 夏天天气炎热时可以只穿背心　　B. 服装的价格越贵越好

C. 服装的价格越低越好　　D. 按规定穿工作服

90. 测量电压时应将电压表（　　）电路。

A. 串联接入　　B. 并联接入

C. 并联接入或串联接入　　D. 混联接入

91. 办事公道是指从业人员在进行职业活动时要做到（　　）。

A. 追求真理，坚持原则　　B. 有求必应，助人为乐

C. 公私不分，一切平等　　D. 知人善任，提拔知已

92. 不符合文明生产要求的做法是（　　）。

A. 爱惜企业的设备、工具和材料　　B. 下班前搞好工作现场的环境卫生

C. 工具使用后按规定放置到工具箱中　　D. 冒险带电作业

93. C6150车床主轴电动机只能正转不能反转时，应首先检修（　　）。

A. 电源进线开关　　B. 接触器KM1或KM2

C. 三位置自动复位开关SA1　　D. 控制变压器TC

94. 民用住宅的供电电压是（　　）。

A. 380V　　B. 220V　　C. 50V　　D. 36V

95. 测量额定电压在 500V 以下的设备或线路的绝缘电阻时，选用电压等级为（　　）。

A. 380V　　B. 400V　　C. 500V 或 1000V　　D. 220V

96. 兆欧表的接线端标有（　　）。

A. 接地 E、线路 L、屏蔽 G　　B. 接地 N、导通端 L、绝缘端 G

C. 接地 E、导通端 L、绝缘端 G　　D. 接地 N、通电端 G、绝缘端

97. 下列关于勤劳节俭的论述中，不正确的选项是（　　）。

A. 勤劳节俭能够促进经济和社会发展

B. 勤劳是现代市场经济需要的，而节俭则不宜提倡

C. 勤劳和节俭符合可持续发展的要求

D. 勤劳节俭有利于企业增产增效

98. 劳动安全卫生管理制度对未成年工给予了特殊的劳动保护，规定严禁一切企业招收未满（　　）的童工。

A. 14 周岁　　B. 15 周岁　　C. 16 周岁　　D. 18 周岁

99. 千分尺一般用于测量（　　）的尺寸。

A. 小器件　　B. 大器件　　C. 建筑物　　D. 电动机

100. 选用量具时，不能用千分尺测量（　　）的表面。

A. 精度一般　　B. 精度较高　　C. 精度较低　　D. 粗糙

101. 劳动安全卫生管理制度对未成年工给予了特殊的劳动保护，这其中的未成年工是指年满 16 周岁未满（　　）的人。

A. 14 周岁　　B. 15 周岁　　C. 17 周岁　　D. 18 周岁

102.（　）是可编程控制器使用较广的编程方式。

A. 功能表图　　B. 梯形图　　C. 位置图　　D. 逻辑图

103. 变化的磁场能够在导体中产生感应电动势，这种现象叫（　　）。

A. 电磁感应　　B. 电磁感应强度　　C. 磁导率　　D. 磁场强度

104. 任何单位和个人不得非法占用变电设施用地、输电线路走廊和（　　）。

A. 电缆通道　　B. 电线　　C. 电杆　　D. 电话

105. 测量前需要将千分尺（　　）擦拭干净后检查零位是否正确。

A. 固定套筒　　B. 测量面　　C. 微分筒　　D. 测微螺杆

106. 本安防爆型电路及其外部配线用的电缆或绝缘导线的耐压强度应选用电路额定电压的 2 倍，最低为（　　）。

A. 500V　　B. 400V　　C. 300V　　D. 800V

107. 保持电气设备正常运行要做到（　　）。

A. 保持电压、电流、温升等不超过允许值

B. 保持电气设备绝缘良好、保持各导电部分连接可靠良好

C. 保持电气设备清洁、通风良好

D. 以上都是

108. 本安防爆型电路及关联配线中的电缆、钢管、端子板应有（　　）的标志。

A. 蓝色　　B. 红色　　C. 黑色　　D. 绿色

109. RLC 串联电路在 f_0 时发生谐振，当频率增加到 $2f_0$ 时，电路性质呈（　　）。

A. 电阻性　　B. 电感性　　C. 电容性　　D. 不定

110. 防雷装置包括（　　）。

A. 接闪器、引下线、接地装置　　B. 避雷针、引下线、接地装置

C. 接闪器、接地线、接地装置　　D. 接闪器、引下线、接零装置

111. 雷电的危害主要包括（　　）。

A. 电性质的破坏作用　　B. 热性质的破坏作用

C. 机械性质的破坏作用　　D. 以上都是

112. 一台电动机绕组是星形连接，接到线电压为 380V 的三相电源上，测得线电流为 10A，则电动机每相绕组的阻抗值为（　　）Ω。

A. 38　　B. 22　　C. 66　　D. 11

113. 变压器的基本作用是在交流电路中变电压、变电流、变阻抗、（　　）和电气隔离。

A. 变磁通　　B. 变相位　　C. 变功率　　D. 变频率

114. 常见的电伤包括（　　）。

A. 电弧烧伤　　B. 电烙印　　C. 皮肤金属化　　D. 以上都是

115. 变压器的器身主要由（　　）和绕组两部分所组成。

A. 定子　　B. 转子　　C. 磁通　　D. 铁芯

116. 喷灯点火时，（　　）严禁站人。

A. 喷灯左侧　　B. 喷灯前　　C. 喷灯右侧　　D. 喷嘴后

117. 行程开关的文字符号是（　　）。

A. QS　　B. SQ　　C. SA　　D. KM

118. 对（　　）以电气原理图、安装接线图和平面布置图最为重要。

A. 电工　　B. 操作者　　C. 技术人员　　D. 维修电工

119. 根据电动机正反转梯形图，下列指令正确的是（　　）。

6　X001　X000　X002　Y001　(Y002　)

Y002

A. ORI Y002　　B. LDI X001　　C. AND X000　　D. ANDI X002

120. 根据电动机自动往返梯形图，下列指令正确的是（　　）。

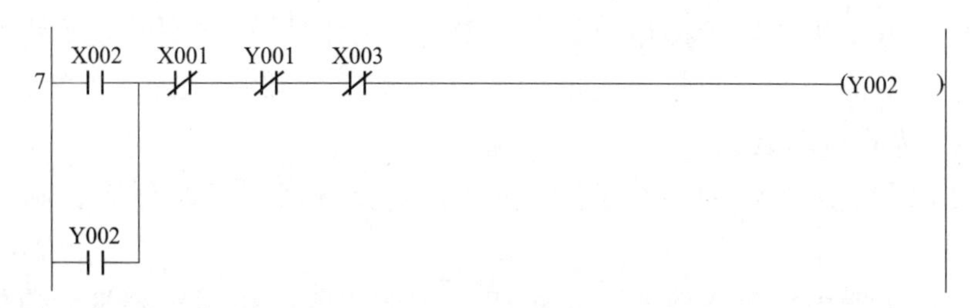

A. LDI X002　　B. AND X001　　C. OR Y002　　D. AND Y001

二、是非题（第121题～第200题。将判断结果填入括号中。正确的填√，错误的填×。每题0.5分，满分40分。）

121.（　）工厂供电要切实保证工厂生产和生活用电的需要，做到安全、可靠、优质、经济。

122.（　）防爆标志是一种简单表示防爆电气设备性能的一种方法，通过防爆标志可以确认电气设备的类别、防爆形式以及级别。

123.（　）FX2N控制的电动机顺序启动，交流接触器线圈电路中需要使用触点硬件互锁。

124.（　）PLC控制的电动机自动往返线路中，交流接触器线圈电路中不需要使用触点硬件互锁。

125.（　）PLC之所以具有较强的抗干扰能力，是因为PLC输入端采用了光电耦合输入方式。

126.（　）喷灯是一种利用火焰喷射对工件进行加工的工具，常用于锡焊。

127.（　）中华人民共和国电力法规定电力事业投资实行谁投资、谁收益的原则。

128.（　）磁性开关可以用于检测电磁场的强度。

129.（　）质量管理是企业经营管理的一个重要内容，是企业的生命线。

130.（　）测量电压时，要根据电压大小选择适当量程的电压表，不能使电压大于电压表的最大量程。

131.（　）直流电动机的电气制动方法有：能耗制动、反接制动、单相制动等。

132.（　）PLC通电前的检查，首先确认输入电源电压和频率。

133.（　）办事公道是指从业人员在进行职业活动时要做到助人为乐，有求必应。

134.（　）共基极放大电路的输入回路与输出回路是以发射极作为公共连接端。

135.（　）逻辑门电路表示输入与输出逻辑变量之间对应的因果关系，最基本的逻辑门是与门、或门、非门。

136.（　）TTL逻辑门电路的高电平、低电平与CMOS逻辑门电路的高、低电平数值是一样的。

137.（　）PLC梯形图编程时，输出继电器的线圈可以并联放在右端。

138.（　）直流电动机结构复杂、价格贵、维护困难，但是启动、调速性能优良。

139.（　）光电开关将输入电流在发射器上转换为光信号射出，接收器再根据所接收到的光线强弱或有无对目标物体实现探测。

140.( ) 直流电动机的转子由电枢铁芯、绕组、换向器和电刷装置等组成。

141.( ) 电流型逆变器抑制过电流能力比电压型逆变器强，适用于经常要求启动、制动与反转的拖动装置。

142.( ) 交-直-交变频器主电路的组成包括：整流电路、滤波环节、制动电路、逆变电路。

143.( ) 直流单臂电桥用于测量小值电阻，直流双臂电桥用于测量大值电阻。

144.( ) 从业人员在职业活动中，要求做到仪表端庄、语言规范、举止得体、待人热情。

145.( ) FX2N 可编程控制器晶体管输出型可以驱动直流型负载。

146.( ) FX2N 可编程控制器 DC 输入型是高电平有效。

147.( ) 绕线式异步电动机启动时，转子串入的电阻越大，启动电流越小，启动转矩越大。

148.( ) 绕线式异步电动机转子串电阻启动过程中，一般分段切除启动电阻。

149.( ) FX2N 系列可编程控制器采用光电耦合器输入，高电平时输入有效。

150.( ) Z3040 摇臂钻床控制电路的电源电压为直流 220V。

151.( ) FX2N 系列可编程控制器采用光电耦合器进行输入信号的隔离。

152.( ) FX2N 系列可编程控制器的存储器包括 ROM 和 RAM 型。

153.( ) 软启动器主要由带电流闭环控制的晶闸管交流调压电路组成。

154.( ) FX2N 系列可编程控制器的用户程序存储器为 RAM 型。

155.( ) 接近开关又称无触点行程开关，因此在电路中的符号与行程开关有区别。

156.( ) 电气控制线路中指示灯的颜色与对应功能的按钮颜色一般是相同的。

157.( ) 一台电动机停止后另一台电动机才能停止的控制方式不是顺序控制。

158.( ) 三相异步电动机的位置控制电路中需要行程开关或相应的传感器。

159.( ) FX2N PLC 共有 256 个定时器。

160.( ) Z3040 摇臂钻床的主轴电动机仅作单向旋转，由接触器 KM1 控制。

161.( ) 三相异步电动机能耗制动的过程可用热继电器来控制。

162.( ) 高频振荡型接近开关和电容型接近开关对环境条件的要求较高 。

163.( ) 三相异步电动机反接制动时定子绕组中通入单相交流电。

164.( ) Z3040 摇臂钻床中行程开关 SQ2 安装位置不当或发生移动时会造成摇臂不能升降。

165.( ) Z3040 摇臂钻床中摇臂不能升降的原因是液压泵转向不对时，应重接电源相序。

166.( ) 两个环形金属，外绕线圈，其大小相同，一个是铁的，另一个是铜的，所绕线圈的匝数和通过的电流相等，则两个环中的磁感应强度 B 相等。

167.( ) 磁性开关一般在磁铁接近干簧管 10cm 左右时，开关触点发出动作信号。

168.( ) 增量式光电编码器主要由光源、光栅、霍尔传感器和电源组成。

169.( ) 软启动器的日常维护主要是设备的清洁、凝露的干燥、通风散热、连接器及导线的维护等。

170.（ ）PLC 之所以具有较强的抗干扰能力，是因为 PLC 输入端采用了继电器输入方式。

171.（ ）PLC 中辅助继电器、定时器、计数器的触点可使用多次。

172.（ ）PLC 梯形图编程时，多个输出继电器的线圈不能并联放在右端。

173.（ ）PLC 梯形图编程时，并联触点多的电路应放在左边。

174.（ ）PLC 连接时必须注意负载电源的类型和可编程控制器输入输出的有关技术资料。

175.（ ）FX2N 控制的电动机正反转线路，交流接触器线圈电路中不需要使用触点硬件互锁。

176.（ ）企业活动中，员工之间要团结合作。

177.（ ）永久磁铁和干簧管可以构成磁性开关。

178.（ ）PLC 编程时，主程序可以有多个。

179.（ ）一台软启动器只能控制一台异步电动机的启动。

180.（ ）普通晶闸管是四层半导体结构。

181.（ ）扳手的主要功能是拧螺栓和螺母。

182.（ ）三端集成稳压器件分为输出电压固定式和可调式两种。

183.（ ）数字万用表在测量电阻之前要调零。

184.（ ）直流电动机启动时，励磁回路的调节电阻应该短接。

185.（ ）电功率是电场力单位时间所做的功。

186.（ ）△接法的异步电动机可选用两相结构的热继电器。

187.（ ）中间继电器可在电流 20A 以下的电路中替代接触器。

188.（ ）感应电流产生的磁通总是阻碍原磁通的变化。

189.（ ）在日常工作中，要关心和帮助新职工、老职工。

190.（ ）二极管只要工作在反向击穿区，一定会被击穿。

191.（ ）差动放大电路可以用来消除零点漂移。

192.（ ）控制变压器与普通变压器的工作原理相同。

193.（ ）没有生命危险的职业活动中，不需要制定安全操作规程。

194.（ ）电路的最基本连接方式为串联和并联。

195.（ ）裸导线一般用于室外架空线。

196.（ ）按钮和行程开关都是主令电器，因此两者可以互换。

197.（ ）直流双臂电桥用于测量准确度高的小阻值电阻。

198.（ ）放大电路的静态工作点的高低对信号波形没有影响。

199.（ ）电路的作用是实现能量的传输和转换、信号的传递和处理。

200.（ ）企业文化对企业具有整合的功能。

答案

一、

1.	D	2.	D	3.	A	4.	D	5.	C	6.	C
7.	C	8.	D	9.	C	10.	B	11.	D	12.	C
13.	D	14.	D	15.	A	16.	C	17.	B	18.	A
19.	C	20.	D	21.	D	22.	C	23.	A	24.	C
25.	C	26.	B	27.	D	28.	C	29.	A	30.	D
31.	A	32.	D	33.	A	34.	B	35.	D	36.	A
37.	A	38.	A	39.	B	40.	D	41.	D	42.	C
43.	A	44.	C	45.	B	46.	A	47.	D	48.	A
49.	D	50.	A	51.	D	52.	A	53.	C	54.	C
55.	A	56.	C	57.	C	58.	C	59.	C	60.	A
61.	B	62.	A	63.	A	64.	D	65.	B	66.	B
67.	B	68.	D	69.	A	70.	D	71.	A	72.	C
73.	B	74.	B	75.	B	76.	A	77.	A	78.	A
79.	B	80.	C	81.	D	82.	A	83.	C	84.	A
85.	D	86.	D	87.	D	88.	C	89.	D	90.	B
91.	A	92.	D	93.	B	94.	B	95.	C	96.	A
97.	B	98.	C	99.	A	100.	D	101.	D	102.	B
103.	A	104.	A	105.	B	106.	A	107.	D	108.	A
109.	B	110.	A	111.	D	112.	B	113.	B	114.	D
115.	D	116.	B	117.	B	118.	D	119.	D	120.	C

二、

121～125	126～130	131～135	136～140	141～145	146～150
√√××√	√√×√√	×√××√	×√√√×	√√×√√	××√××
151～155	156～160	161～165	166～170	171～175	176～180
√√√×√	√×√√√	×××√√	×××√×	√×√√×	√√××√
181～185	186～190	191～195	196～200		
√√×√√	××√√×	√√×√√	×√×√√		

试卷三

	单选题	是非题	总 分	复 核
得 分				
评分人				

一、单选题（第 1 题～第 120 题。选择一个正确的答案，将相应的字母填入题内的

括号中。每题 0.5 分，满分 60 分。）

1. 软启动器中晶闸管调压电路采用（　　）时，主电路中电流谐波最小。
   A. 三相全控 Y 连接　　B. 三相全控 Y0 连接
   C. 三相半控 Y 连接　　D. 星三角连接
2. 企业生产经营活动中，促进员工之间团结合作的措施是（　　）。
   A. 互利互惠，平均分配　　B. 加强交流，平等对话
   C. 只要合作，不要竞争　　D. 人心叵测，谨慎行事
3. 电功的常用单位是（　　）。
   A. 焦耳　　B. 伏安　　C. 度　　D. 瓦
4. 当二极管外加电压时，反向电流很小，且不随（　　）变化。
   A. 正向电流　　B. 正向电压　　C. 电压　　D. 反向电压
5. 磁性开关的图形符号中，其常开触点部分与（　　）的符号相同。
   A. 断路器　　B. 一般开关　　C. 热继电器　　D. 时间继电器
6. 三相异步电动机的位置控制电路中，除了用行程开关外，还可用（　　）。
   A. 断路器　　B. 速度继电器　　C. 热继电器　　D. 光电传感器
7. 电缆或电线的驳口或破损处要用（　　）包好，不能用透明胶布代替。
   A. 牛皮纸　　B. 尼龙纸　　C. 电工胶布　　D. 医用胶布
8. 导线截面的选择通常是由（　　）、机械强度、电流密度、电压损失和安全载流量等因素决定的。
   A. 磁通密度　　B. 绝缘强度　　C. 发热条件　　D. 电压高低
9. 用螺丝刀拧紧可能带电的螺钉时，手指应该（　　）螺丝刀的金属部分。
   A. 接触　　B. 压住　　C. 抓住　　D. 不接触
10. 在职业活动中，不符合待人热情要求的是（　　）。
    A. 严肃待客，表情冷漠　　B. 主动服务，细致周到
    C. 微笑大方，不厌其烦　　D. 亲切友好，宾至如归
11. 电工的工具种类很多，（　　）。
    A. 只要保管好贵重的工具就行了
    B. 价格低的工具可以多买一些，丢了也不可惜
    C. 要分类保管好
    D. 工作中，能拿到什么工具就用什么工具
12. 裸导线一般用于（　　）。
    A. 室内布线　　B. 室外架空线　　C. 水下布线　　D. 高压布线
13. 导线截面的选择通常是由发热条件、机械强度、（　　）、电压损失和安全载流量等因素决定的。
    A. 电流密度　　B. 绝缘强度　　C. 磁通密度　　D. 电压高低
14. 电工仪表按工作原理分为（　　）等。
    A. 磁电系　　B. 电磁系　　C. 电动系　　D. 以上都是

15. 当锉刀拉回时，应（　　），以免磨钝锉齿或划伤工件表面。

A. 轻轻划过　　B. 稍微抬起　　C. 抬起　　D. 拖回

16. 一般三端集成稳压电路工作时，要求输入电压比输出电压至少高（　　）V。

A. 2　　B. 3　　C. 4　　D. 1.5

17. 磁性开关中干簧管的工作原理是（　　）。

A. 与霍尔元件一样　　B. 磁铁靠近接通，无磁断开

C. 通电接通，无电断开　　D. 与电磁铁一样

18. 磁场内各点的磁感应强度大小相等、方向相同，则称为（　　）。

A. 均匀磁场　　B. 匀速磁场　　C. 恒定磁场　　D. 交变磁场

19. 点接触型二极管应用于（　　）。

A. 整流　　B. 稳压　　C. 开关　　D. 光敏

20. 调节电桥平衡时，若检流计指针向标有"＋"的方向偏转时，说明（　　）。

A. 通过检流计电流大、应增大比较臂的电阻

B. 通过检流计电流小、应增大比较臂的电阻

C. 通过检流计电流小、应减小比较臂的电阻

D. 通过检流计电流大、应减小比较臂的电阻

21. 电工安全操作规程不包含（　　）。

A. 定期检查绝缘

B. 禁止带电工作

C. 上班带好雨具

D. 电器设备的各种高低压开关调试时，悬挂标志牌，防止误合闸

22. 调节电桥平衡时，若检流计指针向标有"－"的方向偏转时，说明（　　）。

A. 通过检流计电流大、应增大比较臂的电阻

B. 通过检流计电流小、应增大比较臂的电阻

C. 通过检流计电流小、应减小比较臂的电阻

D. 通过检流计电流大、应减小比较臂的电阻

23. 在企业的经营活动中，下列选项中的（　　）不是职业道德功能的表现。

A. 激励作用　　B. 决策能力　　C. 规范行为　　D. 遵纪守法

24. 接触器的额定电流应不小于被控电路的（　　）。

A. 额定电流　　B. 负载电流　　C. 最大电流　　D. 峰值电流

25. 用于（　　）变频调速的控制装置统称为"变频器"。

A. 感应电动机　　B. 同步发电机

C. 交流伺服电动机　　D. 直流电动机

26. 当二极管外加的正向电压超过死区电压时，电流随电压增加而迅速（　　）。

A. 增加　　B. 减小　　C. 截止　　D. 饱和

27. 在市场经济条件下，促进员工行为的规范化是（　　）社会功能的重要表现。

A. 治安规定　　B. 奖惩制度　　C. 法律法规　　D. 职业道德

28. 直流电动机按照励磁方式可分他励、并励、串励和（　　）四类。

A. 接励　　B. 混励　　C. 自励　　D. 复励

29. 用万用表检测某二极管时，发现其正、反电阻均约等于 1kΩ，说明该二极管（　　）。

A. 已经击穿　　B. 完好状态　　C. 内部老化不通　　D. 无法判断

30. 电路的作用是实现能量的（　　）和转换、信号的传递和处理。

A. 连接　　B. 传输　　C. 控制　　D. 传送

31. 一般电路由电源、（　　）和中间环节三个基本部分组成。

A. 负载　　B. 电压　　C. 电流　　D. 电动势

32. 光电开关将输入电流在发射器上转换为（　　）。

A. 无线电输出　　B. 脉冲信号输出　　C. 电压信号输出　　D. 光信号射出

33. 单结晶体管的结构中有（　　）个基极。

A. 1　　B. 2　　C. 3　　D. 4

34. 在 SPWM 逆变器中主电路开关器件较多采用（　　）。

A. IGBT　　B. 普通晶闸管　　C. GTO　　D. MCT

35. 电路的作用是实现（　　）的传输和转换、信号的传递和处理。

A. 能量　　B. 电流　　C. 电压　　D. 电能

36. 在一定温度时，金属导线的电阻与（　　）成正比、与截面积成反比，与材料电阻率有关。

A. 长度　　B. 材料种类　　C. 电压　　D. 粗细

37. 电气控制线路中的停止按钮应选用（　　）颜色。

A. 绿　　B. 红　　C. 蓝　　D. 黑

38. 三极管是由三层半导体材料组成的。有三个区域，中间的一层为（　　）。

A. 基区　　B. 栅区　　C. 集电区　　D. 发射区

39. 直流单臂电桥用于测量中值电阻，直流双臂电桥的测量电阻在（　　）Ω 以下。

A. 10　　B. 1　　C. 20　　D. 30

40. 用于指示电动机正处在停止状态的指示灯颜色应选用（　　）。

A. 紫色　　B. 蓝色　　C. 红色　　D. 绿色

41. 单结晶体管是一种特殊类型的（　　）。

A. 场效管　　B. 晶闸管　　C. 三极管　　D. 二极管

42. 下列选项中属于职业道德作用的是（　　）。

A. 增强企业的凝聚力　　B. 增强企业的离心力

C. 决定企业的经济效益　　D. 增强企业员工的独立性

43. 单结晶体管的结构中有（　　）个电极。

A. 4　　B. 3　　C. 2　　D. 1

44. 电位是（　　），随参考点的改变而改变，而电压是绝对量，不随参考点的改变而改变。

A. 常量　　B. 变量　　C. 绝对量　　D. 相对量

45. 单结晶体管三个电极的符号是（　　）。

A. E、B1、B2　　B. E1、B、E2　　C. A、B、C　　D. U、V、W

46. 用于指示电动机正处在旋转状态的指示灯颜色应选用（　　）。

A. 紫色　　B. 蓝色　　C. 红色　　D. 绿色

47. 串联电阻的分压作用是阻值越大电压越（　　）。

A. 小　　B. 大　　C. 增大　　D. 减小

48. 在 PLC 通电后，第一个执行周期（　　）接通，用于计数器和移位寄存器等的初始化（复位）。

A. M8000　　B. M8002　　C. M8013　　D. M8034

49. 从业人员在职业交往活动中，符合仪表端庄具体要求的是（　　）。

A. 着装华贵　　B. 适当化妆或戴饰品

C. 饰品俏丽　　D. 发型要突出个性

50. 能用于传递缓慢或直流信号的耦合方式是（　　）。

A. 阻容耦合　　B. 变压器耦合　　C. 直接耦合　　D. 电感耦合

51. 电功率的常用单位有（　　）。

A. 焦耳　　B. 伏安　　C. 欧姆　　D. 瓦、千瓦、毫瓦

52. 能用于传递交流信号，电路结构简单的耦合方式是（　　）。

A. 阻容耦合　　B. 变压器耦合　　C. 直接耦合　　D. 电感耦合

53. 能用于传递交流信号且具有阻抗匹配的耦合方式是（　　）。

A. 阻容耦合　　B. 变压器耦合　　C. 直接耦合　　D. 电感耦合

54. 有“220V、100W”和“220V、25W”白炽灯两盏，串联后接入 220V 交流电源，其亮度情况是（　　）。

A. 100W 灯泡最亮　　B. 25W 灯泡最亮

C. 两只灯泡一样亮　　D. 两只灯泡一样暗

55. 要稳定输出电压，减小电路输入电阻应选用（　　）负反馈。

A. 电压串联　　B. 电压并联　　C. 电流串联　　D. 电流并联

56. 要稳定输出电流，增大电路输入电阻应选用（　　）负反馈。

A. 电压串联　　B. 电压并联　　C. 电流串联　　D. 电流并联

57. 要稳定输出电流，减小电路输入电阻应选用（　　）负反馈。

A. 电压串联　　B. 电压并联　　C. 电流串联　　D. 电流并联

58. 要稳定输出电压，增大电路输入电阻应选用（　　）负反馈。

A. 电压串联　　B. 电压并联　　C. 电流串联　　D. 电流并联

59. 从业人员在职业活动中做到（　　）是符合语言规范的具体要求的。

A. 言语细致，反复介绍　　B. 语速要快，不浪费客人时间

C. 用尊称，不用忌语　　D. 语气严肃，维护自尊

60. 绕线式异步电动机转子串电阻启动时，随着（　　），要逐渐减小电阻。

A. 电流的增大　　B. 转差率的增大　　C. 转速的升高　　D. 转速

61. 高品质、高性能的示波器一般适合（　　）使用。

A. 实验　　B. 演示　　C. 研发　　D. 一般测试

62. 设计多台电动机顺序控制线路的目的是保证操作过程的合理性和（　　）。

A. 工作的安全可靠　　B. 节约电能的要求

C. 降低噪声的要求　　D. 减小振动的要求

63. 永久磁铁和（　　）可以构成磁性开关。

A. 继电器　　B. 干簧管　　C. 二极管　　D. 三极管

64. 磁性开关干簧管内两个铁质弹性簧片的接通与断开是由（　　）控制的。

A. 接触器　　B. 按钮　　C. 电磁铁　　D. 永久磁铁

65. 磁性开关中的干簧管是利用（　　）来控制的一种开关元件。

A. 磁场信号　　B. 压力信号　　C. 温度信号　　D. 电流信号

66. 磁性开关的图形符号中，其菱形部分与常开触点部分用（　　）相连。

A. 虚线　　B. 实线　　C. 双虚线　　D. 双实线

67. 磁性开关的图形符号中有一个（　　）。

A. 长方形　　B. 平行四边形　　C. 菱形　　D. 正方形

68. 磁性开关在使用时要注意远离（　　）。

A. 低温　　B. 高温　　C. 高电压　　D. 大电流

69. 单相半波可控整流电路电阻性负载，（　　）的移相范围是 0～180°。

A. 整流角 θ　　B. 控制角 α　　C. 补偿角 θ　　D. 逆变角 β

70. 增量式光电编码器主要由（　　）、码盘、检测光栅、光电检测器件和转换电路组成。

A. 光电三极管　　B. 运算放大器　　C. 脉冲发生器　　D. 光源

71. 增量式光电编码器主要由光源、（　　）、检测光栅、光电检测器件和转换电路组成。

A. 光电三极管　　B. 运算放大器　　C. 码盘　　D. 脉冲发生器

72. 三相异步电动机的各种电气制动方法中，能量损耗最多的是（　　）。

A. 反接制动　　B. 能耗制动　　C. 回馈制动　　D. 再生制动

73. 单相桥式可控整流电路中，控制角 α 越大，输出电压 U_d（　　）。

A. 越大　　B. 越小　　C. 为零　　D. 越负

74. 增量式光电编码器主要由光源、码盘、（　　）、光电检测器件和转换电路组成。

A. 发光二极管　　B. 检测光栅　　C. 运算放大器　　D. 脉冲发生器

75. 增量式光电编码器主要由光源、码盘、检测光栅、（　　）和转换电路组成。

A. 光电检测器件　　B. 发光二极管　　C. 运算放大器　　D. 镇流器

76. 增量式光电编码器可将转轴的角位移和角速度等机械量转换成相应的（　　）以数字量输出。

A. 功率　　B. 电流　　C. 电脉冲　　D. 电压

77. 增量式光电编码器每产生一个（　　）就对应于一个增量位移。

A. 输出脉冲信号　B. 输出电流信号　C. 输出电压信号　D. 输出光脉冲

78. 增量式光电编码器每产生一个输出脉冲信号就对应于一个（　　）。

A. 增量转速　B. 增量位移　C. 角度　D. 速度

79. 增量式光电编码器可将转轴的（　　）等机械量转换成相应的电脉冲以数字量输出。

A. 转矩和转速　B. 长度和速度　C. 温度和长度　D. 角位移和角速度

80. 在一个 PLC 程序中，同一地址号的线圈只能使用（　　）次。

A. 三　B. 二　C. 一　D. 无限

81. 单结晶体管触发电路通过调节（　　）来调节控制角 α。

A. 电位器　B. 电容器　C. 变压器　D. 电抗器

82. 增量式光电编码器由于采用相对编码，因此掉电后旋转角度数据（　　），需要重新复位。

A. 变小　B. 变大　C. 会丢失　D. 不会丢失

83. 增量式光电编码器根据输出信号的可靠性选型时要考虑（　　）。

A. 电源频率　B. 最大分辨速度　C. 环境温度　D. 空间高度

84. 增量式光电编码器用于高精度测量时要选用旋转一周对应（　　）的器件。

A. 电流较大　B. 电压较高　C. 脉冲数较少　D. 脉冲数较多

85. 增量式光电编码器配线时，应避开（　　）。

A. 电话线、信号线　B. 网络线、电话线

C. 高压线、动力线　D. 电灯线、电话线

86. 增量式光电编码器的振动，往往会成为（　　）发生的原因。

A. 误脉冲　B. 短路　C. 开路　D. 高压

87. 增量式光电编码器接线时，应在电源（　　）下进行。

A. 接通状态　B. 断开状态　C. 电压较低状态　D. 电压正常状态

88. 软启动器的日常维护一定要由（　　）进行操作。

A. 专业技术人员　B. 使用人员　C. 设备管理部门　D. 销售服务人员

89. 用手电钻钻孔时，要穿戴（　　）。

A. 口罩　B. 帽子　C. 绝缘鞋　D. 眼镜

90. 测量电流时应将电流表（　　）电路。

A. 串联接入　B. 并联接入

C. 并联接入或串联接入　D. 混联接入

91. 常用的绝缘材料包括（　　）、液体绝缘材料和固体绝缘材料。

A. 木头　B. 气体绝缘材料　C. 胶木　D. 玻璃

92. 当流过人体的电流达到（　　）时，就足以使人死亡。

A. 0.1mA　B. 10mA　C. 20mA　D. 100mA

93. 电击是电流通过人体内部，破坏人的（　　）。

A. 内脏组织　B. 肌肉　C. 关节　D. 脑组织

94. 正弦交流电常用的表达方法有（ ）。

A. 解析式表示法 B. 波形图表示法 C. 相量表示法 D. 以上都是

95. 电伤是指电流的（ ）。

A. 热效应 B. 化学效应 C. 机械效应 D. 以上都是

96. 当人体触及（ ）可能导致电击的伤害。

A. 带电导线 B. 漏电设备的外壳和其它带电体

C. 雷击或电容放电 D. 以上都是

97. 下面说法中正确的是（ ）。

A. 上班穿什么衣服是个人的自由

B. 服装价格的高低反映了员工的社会地位

C. 上班时要按规定穿整洁的工作服

D. 女职工应该穿漂亮的衣服上班

98. 坚持办事公道，要努力做到（ ）。

A. 公私不分 B. 有求必应 C. 公正公平 D. 全面公开

99. 有关文明生产的说法，（ ）是正确的。

A. 为了及时下班，可以直接拉断电源总开关

B. 下班时没有必要搞好工作现场的卫生

C. 工具使用后应按规定放置到工具箱中

D. 电工工具不全时，可以冒险带电作业

100. 用万用表测量电阻值时，应使指针指示在（ ）。

A. 欧姆刻度最右 B. 欧姆刻度最左

C. 欧姆刻度中心附近 D. 欧姆刻度三分之一处

101. 根据劳动法的有关规定，（ ），劳动者可以随时通知用人单位解除劳动合同。

A. 在试用期间被证明不符合录用条件的

B. 严重违反劳动纪律或用人单位规章制度的

C. 严重失职、营私舞弊，对用人单位利益造成重大损害的

D. 用人单位未按照劳动合同约定支付劳动报酬或者是提供劳动条件的

102. 用万用表测电阻时，每个电阻挡都要调零，如调零不能调到欧姆零位，说明（ ）。

A. 电源电压不足，应换电池 B. 电池极性接反

C. 万用表欧姆挡已坏 D. 万用表调零功能已坏

103. 用万用表的直流电流挡测直流电流时，将万用表串接在被测电路中，并且（ ）。

A. 红表棒接电路的高电位端，黑表棒接电路的低电位端

B. 黑表棒接电路的高电位端，红表棒接电路的低电位端

C. 红表棒接电路的正电位端，黑表棒接电路的负电位端

D. 红表棒接电路的负电位端，黑表棒接电路的正电位端

104. 用电设备的金属外壳必须与保护线（　　）。

A. 可靠连接　B. 可靠隔离　C. 远离　D. 靠近

105. 电器通电后发现冒烟、发出烧焦气味或着火时，应立即（　　）。

A. 逃离现场　B. 泡沫灭火器灭火

C. 用水灭火　D. 切断电源

106. 在（　　），磁力线由 S 极指向 N 极。

A. 磁场外部　B. 磁体内部

C. 磁场两端　D. 磁场一端到另一端

107. 文明生产的内部条件主要指生产有节奏、（　　）、物流安排科学合理。

A. 增加产量　B. 均衡生产　C. 加班加点　D. 加强竞争

108. 如果触电者伤势较重，已失去知觉，但心跳和呼吸还存在，应使（　　）。

A. 触电者舒适、安静地平坦

B. 周围不围人，使空气流通

C. 解开伤者的衣服以利呼吸，并速请医生前来或送往医院

D. 以上都是

109. 喷灯打气加压时，要检查并确认进油阀可靠地（　　）。

A. 关闭　B. 打开　C. 打开一点　D. 打开或关闭

110. 电器着火时下列不能用的灭火方法是（　　）。

A. 用四氯化碳灭火　B. 用二氧化碳灭火

C. 用沙土灭火　D. 用水灭火

111. 与环境污染相关且并称的概念是（　　）。

A. 生态破坏　B. 电磁辐射污染　C. 电磁噪声污染　D. 公害

112. 已知工频正弦电压有效值和初始值均为 380V，则该电压的瞬时值表达式为（　　）V。

A. $u=380\sin 314t$　B. $u=537\sin(314t+45°)$

C. $u=380\sin(314t+90°)$　D. $u=380\sin(314t+45°)$

113. 在 RL 串联电路中，$U_R=16$V，$U_L=12$V，则总电压为（　　）。

A. 28V　B. 20V　C. 2V　D. 4V

114. 纯电容正弦交流电路中，电压有效值不变，当频率增大时，电路中电流将（　　）。

A. 增大　B. 减小　C. 不变　D. 不定

115. 串联正弦交流电路的视在功率表征了该电路的（　　）。

A. 电路中总电压有效值与电流有效值的乘积　B. 平均功率

C. 瞬时功率最大值　D. 无功功率

116. 当电阻为 8.66Ω 与感抗为 5Ω 串联时，电路的功率因数为（　　）。

A. 0.5　B. 0.866　C. 1　D. 0.6

117. 电气设备的巡视一般均由（　　）进行。

A. 1 人　　B. 2 人　　C. 3 人　　D. 4 人

118. 有一台三相交流电动机，每相绕组的额定电压为 220V，对称三相电源的线电压为 380V，则电动机的三相绕组应采用的连接方式是（　　）。

A. 星形连接，有中线　　B. 星形连接，无中线

C. 三角形连接　　D. A、B 均可

119. 刀开关的文字符号是（　　）。

A. QS　　B. SQ　　C. SA　　D. KM

120. 一对称三相负载，先后用两种接法接入同一电源中，则三角形连接时的有功功率等于星形连接时的（　　）倍。

A. 3　　B. $\sqrt{3}$　　C. $\sqrt{2}$　　D. 1

二、是非题（第 121 题～第 200 题。将判断结果填入括号中。正确的填√，错误的填×。每题 0.5 分，满分 40 分。）

121.（　）一般绝缘材料的电阻都在兆欧以上，因此兆欧表标度尺的单位以千欧表示。

122.（　）选用绝缘材料时应该从电气性能、机械性能、热性能、化学性能、工艺性能及经济性等方面来进行考虑。

123.（　）落地扇、手电钻等移动式用电设备一定要安装使用漏电保护开关。

124.（　）在做 PLC 系统设计时，为了降低成本，I/O 点数应该正好等于系统计算的点数。

125.（　）触电的形式是多种多样的，但除了因电弧灼伤及熔融的金属飞溅灼伤外，可大致归纳为三种形式。

126.（　）家用电力设备的电源应采用单相三线 50 赫兹 220 伏交流电。

127.（　）常用的绝缘材料包括气体绝缘材料、液体绝缘材料和固体绝缘材料。

128.（　）变压器是根据电磁感应原理而工作的，它只能改变交流电压，而不能改变直流电压。

129.（　）选用绝缘材料时应该从电流大小、磁场强弱、气压高低等方面来进行考虑。

130.（　）用以防止触电的安全用具应定期做耐压试验，有些高压辅助安全用具不要做泄漏电流试验。

131.（　）交-交变频是把工频交流电整流为直流电，然后再把直流电逆变为所需频率的交流电。

132.（　）当锉刀拉回时，应稍微抬起，以免磨钝锉齿或划伤工件表面。

133.（　）触电急救的要点是动作迅速，救护得法，发现有人触电，首先使触电者尽快脱离电源。

134.（　）大功率、小功率、高频、低频三极管的图形符号是一样的。

135.（　）劳动者具有在劳动中获得劳动安全和劳动卫生保护的权利。

136.（　）劳动者的基本权利中遵守劳动纪律是最主要的权利。

137.（ ）雷击是一种自然灾害，具有很多的破坏性。
138.（ ）螺丝刀是维修电工最常用的工具之一。
139.（ ）逻辑门电路的平均延迟时间越长越好。
140.（ ）劳动安全卫生管理制度对未成年工给予了特殊的劳动保护，这其中的未成年工是指年满 16 周岁未满 18 周岁的人。
141.（ ）被测量的测试结果与被测量的实际数值存在的差值称为测量误差。
142.（ ）爱岗敬业作为职业道德的内在要求，指的是员工只需要热爱自己特别喜欢的工作岗位。
143.（ ）劳动者患病或负伤，在规定的医疗期内的，用人单位可以解除劳动合同。
144.（ ）磁性开关一般在磁铁接近干簧管 10mm 左右时，开关触点发出动作信号。
145.（ ）变频器安装时要注意安装的环境、良好的通风散热、正确的接线。
146.（ ）测量电流时，要根据电流大小选择适当量程的电流表，不能使电流大于电流表的最大量程。
147.（ ）劳动安全是指生产劳动过程中，防止危害劳动者人身安全的伤亡和急性中毒事故。
148.（ ）领导亲自安排的工作一定要认真负责，其他工作可以马虎一点。
149.（ ）一般万用表可以测量直流电压、交流电压、直流电流、电阻、功率等物理量。
150.（ ）熔断器类型的选择依据是负载的保护特性、短路电流的大小、使用场合、安装条件和各类熔断器的适用范围。
151.（ ）变频调速的基本控制方式是在额定频率以下的恒磁通变频调速和额定频率以上的恒转矩调速。
152.（ ）变频调速性能优异、调速范围大、平滑性好、低速特性较硬，是绕线式转子异步电动机的一种理想调速方法。
153.（ ）软启动器的主电路采用晶闸管交流调压器，稳定运行时晶闸管长期工作。
154.（ ）从业人员在职业活动中表情冷漠、严肃待客是符合职业道德规范要求的。
155.（ ）变频器型号选择时考虑的基本内容是使用条件、电网电压、负载大小和性质。
156.（ ）采用转速闭环矢量控制的变频调速系统，其系统主要技术指标基本上能达到直流双闭环调速系统的动态性能，因而可以取代直流调速系统。
157.（ ）变频器输出侧技术数据中额定输出电流是用户选择变频器容量时的主要依据。
158.（ ）直流电动机转速不正常的故障原因主要有励磁回路电阻过大等。
159.（ ）信号发生器是一种能产生适合一定技术要求的电信号的电子仪器。
160.（ ）在变频器实际接线时，控制电缆应靠近变频器，以防止电磁干扰。
161.（ ）增量式光电编码器选型时要考虑旋转一周对应的脉冲数。
162.（ ）时间继电器的选用主要考虑以下三方面：类型、延时方式和线圈电压。
163.（ ）可编程控制器采用的是输入、输出、程序运行同步执行的工作方式。
164.（ ）压力继电器是液压系统中当流体压力达到预定值时，使电气触点动作的元件。
165.（ ）磁性开关干簧管内的两个铁质弹性簧片平时是分开的，当磁性物质靠近时，就会吸合在一起，使触点所在的电路连通。

166.（ ）变压器既能改变交流电压，又能改变直流电压。

167.（ ）磁性开关的作用与行程开关类似，但是在电路中的符号与行程开关有区别。

168.（ ）增量式光电编码器可将转轴的角位移、角速度等机械量转换成相应的电脉冲以数字量输出。

169.（ ）在感性负载两端并联合适的电容器，可以减小电源供给负载的无功功率。

170.（ ）在一个 PLC 程序中，同一地址号的线圈可以多次使用。

171.（ ）变压器可以用来改变交流电压、电流、阻抗、相位，以及电气隔离。

172.（ ）变压器的绕组可以分为壳式和芯式两种。

173.（ ）劳动者的基本义务中应包括遵守职业道德。

174.（ ）信号发生器的振荡电路通常采用 RC 串并联选频电路。

175.（ ）常用逻辑门电路的逻辑功能由基本逻辑门组成。

176.（ ）磁性开关可以用于计数、限位等控制场合。

177.（ ）正弦交流电路的视在功率等于有功功率和无功功率之和。

178.（ ）常用逻辑门电路的逻辑功能有与非、或非、与或非等。

179.（ ）直流串励电动机的电源极性反接时，电动机会反转。

180.（ ）使用螺丝刀时要一边压紧，一边旋转。

181.（ ）选用量具时，不能用千分尺测量粗糙的表面。

182.（ ）压力继电器与压力传感器没有区别。

183.（ ）变压器的铁芯应该选用硬磁材料。

184.（ ）常用的绝缘材料可分为橡胶和塑料两大类。

185.（ ）文明生产是保证人身安全和设备安全的一个重要方面。

186.（ ）差动放大电路的单端输出与双端输出效果是一样的。

187.（ ）用手电钻钻孔时，要穿绝缘鞋。

188.（ ）可编程控制器停止时，扫描工作过程即停止。

189.（ ）在计算机上对 PLC 编程，首先要选择 PLC 型号。

190.（ ）磁导率表示材料的导磁能力的大小。

191.（ ）常用于测量各种电量和磁量的仪器仪表称为电工仪表。

192.（ ）测量电压时，电压表的内阻越小，测量精度越高。

193.（ ）流过电阻的电流与所加电压成正比、与电阻成反比。

194.（ ）创新是企业进步的灵魂。

195.（ ）要做到办事公道，在处理公私关系时，要公私不分。

196.（ ）三极管符号中的箭头表示发射结导通时电流的方向。

197.（ ）磁性开关的结构和工作原理与接触器完全一样。

198.（ ）异步电动机的铁芯应该选用软磁材料。

199.（ ）触电是指电流流过人体时对人体产生生理和病理伤害。

200.（ ）劳动者的基本义务中不应包括遵守职业道德。

答案

一、

1.	A	2.	B	3.	C	4.	D	5.	B	6.	D
7.	C	8.	C	9.	D	10.	A	11.	C	12.	B
13.	A	14.	D	15.	B	16.	A	17.	B	18.	A
19.	C	20.	A	21.	C	22.	C	23.	B	24.	A
25.	A	26.	A	27.	D	28.	D	29.	C	30.	B
31.	A	32.	D	33.	B	34.	A	35.	A	36.	A
37.	B	38.	A	39.	A	40.	C	41.	D	42.	A
43.	B	44.	D	45.	A	46.	D	47.	B	48.	B
49.	B	50.	C	51.	D	52.	A	53.	B	54.	B
55.	B	56.	C	57.	D	58.	A	59.	C	60.	C
61.	C	62.	A	63.	B	64.	D	65.	A	66.	A
67.	C	68.	D	69.	B	70.	D	71.	C	72.	A
73.	B	74.	B	75.	A	76.	C	77.	A	78.	B
79.	D	80.	C	81.	A	82.	C	83.	B	84.	D
85.	C	86.	A	87.	B	88.	A	89.	C	90.	A
91.	B	92.	D	93.	A	94.	D	95.	D	96.	D
97.	C	98.	C	99.	C	100.	C	101.	D	102.	A
103.	A	104.	A	105.	D	106.	B	107.	B	108.	D
109.	A	110.	D	111.	D	112.	B	113.	B	114.	A
115.	A	116.	B	117.	B	118.	B	119.	A	120.	A

二、

121 ～125	126 ～130	131 ～135	136 ～140	141 ～145	146 ～150
×√√×√	√√√××	×√√√√	×√√×√	√××√√	√√××√
151 ～155	156 ～160	161 ～165	166 ～170	171 ～175	176 ～180
××××√	√√√√×	√√×√√	×√√√×	√×√√√	√×√×√
181 ～185	186 ～190	191 ～195	196 ～200		
√×××√	×√×√√	√×√√×	√×√√×		

试卷四

	单选题	是非题	总 分	复 核
得 分				
评分人				

一、单选题（第 1 题～第 120 题。选择一个正确的答案，将相应的字母填入题内的

括号中。每题 0.5 分，满分 60 分。）

1. 喷灯使用完毕，应将剩余的燃料油（　　），将喷灯污物擦除后，妥善保管。
   A. 烧净　　B. 保存在油筒内　　C. 倒掉　　D. 倒出回收
2. 钢丝钳（电工钳子）可以用来剪切（　　）。
   A. 细导线　　B. 玻璃管　　C. 铜条　　D. 水管
3. 直流单臂电桥测量小值电阻时，不能排除（　　），而直流双臂电桥则可以。
   A. 接线电阻及接触电阻　　B. 接线电阻及桥臂电阻
   C. 桥臂电阻及接触电阻　　D. 桥臂电阻及导线电阻
4. 岗位的质量要求，通常包括操作程序、（　　）、工艺规程及参数控制等。
   A. 工作计划　　B. 工作目的　　C. 工作内容　　D. 操作重点
5. 磁性开关的图形符号中，其常开触点部分与（　　）的符号相同。
   A. 断路器　　B. 一般开关　　C. 热继电器　　D. 时间继电器
6. 根据仪表取得读数的方法可分为（　　）。
   A. 指针式　　B. 数字式　　C. 记录式　　D. 以上都是
7. 根据仪表测量对象的名称分为（　　）等。
   A. 电压表、电流表、功率表、电度表　　B. 电压表、欧姆表、示波器
   C. 电流表、电压表、信号发生器　　D. 功率表、电流表、示波器
8. 放大电路的静态工作点的偏低易导致信号波形出现（　　）失真。
   A. 截止　　B. 饱和　　C. 交越　　D. 非线性
9. 拧螺钉时应该选用（　　）。
   A. 与螺钉规格一致的螺丝刀　　B. 规格大一号的螺丝刀，省力气
   C. 规格小一号的螺丝刀，效率高　　D. 全金属的螺丝刀，防触电
10. 拧螺钉时应先确认螺丝刀插入槽口，旋转时用力（　　）。
    A. 越小越好　　B. 不能过猛　　C. 越大越好　　D. 不断加大
11. 短路电流很大的电气线路中宜选用（　　）断路器。
    A. 塑壳式　　B. 限流型
    C. 框架式　　D. 直流快速断路器
12. 符合有“0”得“1”，全“1”得“0”的逻辑关系的逻辑门是（　　）。
    A. 或门　　B. 与门　　C. 非门　　D. 与非门
13. 中间继电器的选用依据是控制电路的电压等级、（　　）、所需触点的数量和容量等。
    A. 电流类型　　B. 短路电流　　C. 阻抗大小　　D. 绝缘等级
14. 对待职业和岗位，（　　）并不是爱岗敬业所要求的。
    A. 树立职业理想　　B. 干一行爱一行专一行
    C. 遵守企业的规章制度　　D. 一职定终身，绝对不改行
15. 对于△接法的异步电动机应选用（　　）结构的热继电器。
    A. 四相　　B. 三相　　C. 两相　　D. 单相

16. 钢丝钳（电工钳子）一般用在（　　）操作的场合。
A. 低温　　B. 高温　　C. 带电　　D. 不带电
17. 直流单臂电桥测量几欧姆电阻时，比例应选为（　　）。
A. 0.001　　B. 0.01　　C. 0.1　　D. 1
18. 符合有“1”得“0”，全“0”得“1”的逻辑关系的逻辑门是（　　）。
A. 或门　　B. 与门　　C. 非门　　D. 或非门
19. 符合有“1”得“1”，全“0”得“0”的逻辑关系的逻辑门是（　　）。
A. 或门　　B. 与门　　C. 非门　　D. 与非门
20. 直流双臂电桥达到平衡时，被测电阻值为（　　）。
A. 倍率读数与可调电阻相乘　　B. 倍率读数与桥臂电阻相乘
C. 桥臂电阻与固定电阻相乘　　D. 桥臂电阻与可调电阻相乘
21. 符合有“0”得“0”，全“1”得“1”的逻辑关系的逻辑门是（　　）。
A. 或门　　B. 与门　　C. 非门　　D. 或非门
22. 职业道德是一种（　　）的约束机制。
A. 强制性　　B. 非强制性　　C. 随意性　　D. 自发性
23. 下面关于严格执行安全操作规程的描述，错误的是（　　）。
A. 每位员工都必须严格执行安全操作规程
B. 单位的领导不需要严格执行安全操作规程
C. 严格执行安全操作规程是维持企业正常生产的根本保证
D. 不同行业安全操作规程的具体内容是不同的
24. 分压式偏置共射放大电路，更换 β 大的管子，其静态值 U_{CEQ} 会（　　）。
A. 增大　　B. 变小　　C. 不变　　D. 无法确定
25. 直流电动机结构复杂、价格贵、制造麻烦、（　　），但是启动性能好、调速范围大。
A. 换向器大　　B. 换向器小　　C. 维护困难　　D. 维护容易
26. 下面所描述的事情中不属于工作认真负责的是（　　）。
A. 领导说什么就做什么　　B. 下班前做好安全检查
C. 上班前做好充分准备　　D. 工作中集中注意力
27. 对称三相电路负载三角形连接，电源线电压为380V，负载复阻抗为 $Z=(8+6j)\Omega$，则线电流为（　　）。
A. 38A　　B. 22A　　C. 54A　　D. 66A
28. 直流接触器一般用于控制（　　）的负载。
A. 弱电　　B. 无线电　　C. 直流电　　D. 交流电
29. 作为一名工作认真负责的员工，应该做到（　　）。
A. 领导说什么就做什么
B. 领导亲自安排的工作认真做，其他工作可以马虎一点
C. 面上的工作要做仔细一些，看不到的工作可以快一些

D. 工作不分大小，都要认真去做

30. 普通晶闸管是（　　）半导体结构。

A. 四层　　B. 五层　　C. 三层　　D. 二层

31. 普通晶闸管中间 P 层的引出极是（　　）。

A. 漏极　　B. 阴极　　C. 门极　　D. 阳极

32. 直流电动机按照励磁方式可分他励、（　　）、串励和复励四类。

A. 电励　　B. 并励　　C. 激励　　D. 自励

33. 对于（　　）工作制的异步电动机，热继电器不能实现可靠的过载保护。

A. 轻载　　B. 半载　　C. 重复短时　　D. 连续

34. 直流双臂电桥共有（　　）接头。

A. 2　　B. 3　　C. 6　　D. 4

35. 放大电路的静态工作点的偏高易导致信号波形出现（　　）失真。

A. 截止　　B. 饱和　　C. 交越　　D. 非线性

36. 直流电动机的直接启动电流可达额定电流的（　　）倍。

A. 10～20　　B. 20～40　　C. 5～10　　D. 1～5

37. 直流电动机常用的启动方法有：电枢串电阻启动、（　　）等。

A. 弱磁启动　　B. 降压启动　　C. Y－△启动　　D. 变频启动

38. 直流电动机降低电枢电压调速时，属于（　　）调速方式。

A. 恒转矩　　B. 恒功率　　C. 通风机　　D. 泵类

39. 直流单臂电桥用于测量中值电阻，直流双臂电桥的测量电阻在（　　）Ω 以下。

A. 10　　B. 1　　C. 20　　D. 30

40. 中间继电器的选用依据是控制电路的电压等级、电流类型、所需触点的（　　）和容量等。

A. 大小　　B. 种类　　C. 数量　　D. 等级

41. 普通晶闸管属于（　　）器件。

A. 不控　　B. 半控　　C. 全控　　D. 自控

42. 直流电动机的各种制动方法中，能平稳停车的方法是（　　）。

A. 反接制动　　B. 回馈制动　　C. 能耗制动　　D. 再生制动

43. 直流电动机的各种制动方法中，能向电源反送电能的方法是（　　）。

A. 反接制动　　B. 抱闸制动　　C. 能耗制动　　D. 回馈制动

44. 欧姆定律不适合于分析计算（　　）。

A. 简单电路　　B. 复杂电路　　C. 线性电路　　D. 直流电路

45. 伏安法测电阻是根据（　　）来算出数值。

A. 欧姆定律　　B. 直接测量法　　C. 焦耳定律　　D. 基尔霍夫定律

46. 直流他励电动机需要反转时，一般将（　　）两头反接。

A. 励磁绕组　　B. 电枢绕组　　C. 补偿绕组　　D. 换向绕组

47. 职业道德通过（　　），起着增强企业凝聚力的作用。

A. 协调员工之间的关系　B. 增加职工福利
C. 为员工创造发展空间　D. 调节企业与社会的关系

48. 直流电动机的励磁绕组和电枢绕组同时反接时，电动机的（　　）。
A. 转速下降　B. 转速上升　C. 转向反转　D. 转向不变

49. 职业道德对企业起到（　　）的作用。
A. 增强员工独立意识　B. 模糊企业上级与员工关系
C. 使员工规规矩矩做事情　D. 增强企业凝聚力

50. 多级放大电路之间常用共集电极放大电路，是利用其（　　）特性。
A. 输入电阻大、输出电阻大　B. 输入电阻小、输出电阻大
C. 输入电阻大、输出电阻小　D. 输入电阻小、输出电阻小

51. 直流单臂电桥和直流双臂电桥的测量端数目分别为（　　）。
A. 2、4　B. 4、2　C. 2、3　D. 3、2

52. 电位是相对量，随参考点的改变而改变，而电压是（　　），不随参考点的改变而改变。
A. 衡量　B. 变量　C. 绝对量　D. 相对量

53. 单结晶体管两个基极的文字符号是（　　）。
A. C1、C2　B. D1、D2　C. E1、E2　D. B1、B2

54. 职业道德对企业起到（　　）的作用。
A. 决定经济效益　B. 促进决策科学化
C. 增强竞争力　D. 树立员工守业意识

55. 单结晶体管在电路图中的文字符号是（　　）。
A. SCR　B. VT　C. VD　D. VC

56. 单结晶体管发射极的文字符号是（　　）。
A. C　B. D　C. E　D. F

57. 职业道德与人生事业的关系是（　　）。
A. 有职业道德的人一定能够获得事业成功
B. 没有职业道德的人任何时刻都不会获得成功
C. 事业成功的人往往具有较高的职业道德
D. 缺乏职业道德的人往往更容易获得成功

58. 直流电动机只将励磁绕组两头反接时，电动机的（　　）。
A. 转速下降　B. 转速上升　C. 转向反转　D. 转向不变

59. 直流电动机滚动轴承发热的主要原因有（　　）等。
A. 轴承磨损过大　B. 轴承变形
C. 电动机受潮　D. 电刷架位置不对

60. 电流流过电动机时，电动机将电能转换成（　　）。
A. 机械能　B. 热能　C. 光能　D. 其他形式的能

61. 直流电动机转速不正常的故障原因主要有（　　）等。

A. 换向器表面有油污　　B. 接线错误
C. 无励磁电流　　D. 励磁绕组接触不良

62. 设计多台电动机顺序控制线路的目的是保证操作过程的合理性和（　　）。
A. 工作的安全可靠　　B. 节约电能的要求
C. 降低噪声的要求　　D. 减小振动的要求

63. 高频振荡电感型接近开关主要由感应头、振荡器、（　　）、输出电路等组成。
A. 继电器　　B. 开关器　　C. 发光二极管　　D. 光电三极管

64. 职工对企业诚实守信应该做到的是（　　）。
A. 忠诚所属企业，无论何种情况都始终把企业利益放在第一位
B. 维护企业信誉，树立质量意识和服务意识
C. 扩大企业影响，多对外谈论企业之事
D. 完成本职工作即可，谋划企业发展由有见识的人来做

65. 支路电流法是以支路电流为变量列写节点电流方程及（　　）方程。
A. 回路电压　　B. 电路功率　　C. 电路电流　　D. 回路电位

66. 高频振荡电感型接近开关的感应头附近有金属物体接近时，接近开关（　　）。
A. 涡流损耗减少　　B. 振荡电路工作　　C. 有信号输出　　D. 无信号输出

67. 当测量电阻值超过量程时，手持式数字万用表将显示（　　）。
A. 1　　B. ∞　　C. 0　　D. 错

68. 对于延时精度要求较高的场合，可采用（　　）时间继电器。
A. 液压式　　B. 电动式　　C. 空气阻尼式　　D. 晶体管式

69. 高频振荡电感型接近开关的感应头附近无金属物体接近时，接近开关（　　）。
A. 有信号输出　　B. 振荡电路工作　　C. 振荡减弱或停止　　D. 产生涡流损耗

70. 高频振荡电感型接近开关的感应头附近无金属物体接近时，接近开关（　　）。
A. 无信号输出　　B. 有信号输出　　C. 振荡减弱　　D. 产生涡流损耗

71. 当检测体为非金属材料时，应选用（　　）接近开关。
A. 高频振荡型　　B. 电容型　　C. 电阻型　　D. 阻抗型

72. 当检测体为金属材料时，应选用（　　）接近开关。
A. 高频振荡型　　B. 电容型　　C. 电阻型　　D. 阻抗型

73. 多台电动机的顺序控制线路（　　）。
A. 既包括顺序启动，又包括顺序停止　　B. 不包括顺序停止
C. 不包括顺序启动　　D. 通过自锁环节来实现

74. 对于 PLC 晶体管输出，带感性负载时，需要采取（　　）的抗干扰措施。
A. 在负载两端并联续流二极管和稳压管串联电路　　B. 电源滤波
C. 可靠接地　　D. 光电耦合器

75. 对于可编程控制器电源干扰的抑制，一般采用隔离变压器和（　　）来解决。
A. 直流滤波器　　B. 交流滤波器　　C. 直流发电机　　D. 交流整流器

76. 台钻是一种小型钻床，用来钻直径（　　）及以下的孔。

A. 10mm B. 11mm C. 12mm D. 13mm

77. 企业员工在生产经营活动中，不符合团结合作要求的是（ ）。

A. 真诚相待，一视同仁 B. 互相借鉴，取长补短

C. 男女有序，尊卑有别 D. 男女平等，友爱亲善

78. 下列事项中属于办事公道的是（ ）。

A. 顾全大局，一切听从上级 B. 大公无私，拒绝亲戚求助

C. 知人善任，努力培养知己 D. 坚持原则，不计个人得失

79. 对自己所使用的工具，（ ）。

A. 每天都要清点数量，检查完好性 B. 可以带回家借给邻居使用

C. 丢失后，可以让单位再买 D. 找不到时，可以拿其他员工的

80. 制止损坏企业设备的行为，（ ）。

A. 只是企业领导的责任 B. 对普通员工没有要求

C. 是每一位员工和领导的责任和义务 D. 不能影响员工之间的关系

81. 直接接触触电包括（ ）。

A. 单相触电 B. 两相触电 C. 电弧伤害 D. 以上都是

82. 职工上班时不符合着装整洁要求的是（ ）。

A. 夏天天气炎热时可以只穿背心 B. 不穿奇装异服上班

C. 保持工作服的干净和整洁 D. 按规定穿工作服上班

83. 符合文明生产要求的做法是（ ）。

A. 为了提高生产效率，增加工具损坏率

B. 下班前搞好工作现场的环境卫生

C. 工具使用后随意摆放

D. 冒险带电作业

84. 勤劳节俭的现代意义在于（ ）。

A. 勤劳节俭是促进经济和社会发展的重要手段

B. 勤劳是现代市场经济需要的，而节俭则不宜提倡

C. 节俭阻碍消费，因而会阻碍市场经济的发展

D. 勤劳节俭只有利于节省资源，但与提高生产效率无关

85. 千万不要用铜线、铝线、铁线代替（ ）。

A. 导线 B. 保险丝 C. 包扎带 D. 电话线

86. 下列关于勤劳节俭的论述中，不正确的选项是（ ）。

A. 企业可提倡勤劳，但不宜提倡节俭

B. “一分钟应看成是八分钟”

C. 勤劳节俭符合可持续发展的要求

D. “节省一块钱，就等于净赚一块钱”

87. 根据劳动法的有关规定，（ ），劳动者可以随时通知用人单位解除劳动合同。

A. 在试用期间被证明不符合录用条件的

B. 严重违反劳动纪律或用人单位规章制度的
C. 严重失职、营私舞弊，对用人单位利益造成重大损害的
D. 用人单位以暴力、威胁或者非法限制人身自由的手段强迫劳动的

88. 喷灯的加油、放油和维修应在喷灯（　　）进行。
A. 燃烧时　B. 燃烧或熄灭后　C. 熄火后　D. 高温时

89. 文明生产的外部条件主要指（　　）、光线等有助于保证质量。
A. 设备　B. 机器　C. 环境　D. 工具

90. 千分尺测微杆的螺距为（　　），它装入固定套筒的螺孔中。
A. 0.6mm　B. 0.8mm　C. 0.5mm　D. 1mm

91. 软磁材料的主要分类有（　　）、金属软磁材料、其他软磁材料。
A. 不锈钢　B. 铜合金　C. 铁氧体软磁材料　D. 铝合金

92. 凡工作地点狭窄、工作人员活动困难，周围有大面积接地导体或金属构架，因而存在高度触电危险的环境以及特别的场所，则使用时的安全电压为（　　）。
A. 9V　B. 12V　C. 24V　D. 36V

93. 对电气开关及正常运行产生火花的电气设备，应（　　）存放可燃物质的地点。
A. 远离　B. 采用铁丝网隔断
C. 靠近　D. 采用高压电网隔断

94. 正弦交流电常用的表达方法有（　　）。
A. 解析式表示法　B. 波形图表示法　C. 相量表示法　D. 以上都是

95. 电伤是因电流的（　　）。
A. 热效应　B. 化学效应　C. 机械效应　D. 以上都是

96. 对于每个职工来说，质量管理的主要内容有岗位的质量要求、质量目标、质量保证措施和（　　）等。
A. 信息反馈　B. 质量水平　C. 质量记录　D. 质量责任

97. 三相对称电路的线电压比对应相电压（　　）。
A. 超前 30°　B. 超前 60°　C. 滞后 30°　D. 滞后 60°

98. 三相电动势达到最大值的顺序是不同的，这种达到最大值的先后次序，称三相电源的相序，相序为 A－A－A－001 为（　　）。
A. 正序　B. 负序　C. 逆序　D. 相序

99. 高压设备室内不得接近故障点（　　）以内。
A. 1 米　B. 2 米　C. 3 米　D. 4 米

100. 三相对称电路是指（　　）。
A. 三相电源对称的电路
B. 三相负载对称的电路
C. 三相电源和三相负载都是对称的电路
D. 三相电源对称和三相负载阻抗相等的电路

101. 高压设备室外不得接近故障点（　　）以内。

A. 5 米　B. 6 米　C. 7 米　D. 8 米

102. 岗位的质量要求，通常包括操作程序、工作内容、（　）及参数控制等。

A. 工作计划　B. 工作目的　C. 工艺规程　D. 操作重点

103. 三相异步电动机的优点是（　）。

A. 调速性能好　B. 交直流两用　C. 功率因数高　D. 结构简单

104. 用电设备的金属外壳必须与保护线（　）。

A. 可靠连接　B. 可靠隔离　C. 远离　D. 靠近

105. 三相异步电动机的缺点是（　）。

A. 结构简单　B. 重量轻　C. 调速性能差　D. 转速低

106. 三相异步电动机具有（　）、工作可靠、重量轻、价格低等优点。

A. 结构简单　B. 调速性能好　C. 结构复杂　D. 交直流两用

107. 文明生产的内部条件主要指生产有节奏、（　）、物流安排科学合理。

A. 增加产量　B. 均衡生产　C. 加班加点　D. 加强竞争

108. 三相异步电动机的转子由转子铁芯、（　）、风扇、转轴等组成。

A. 电刷　B. 转子绕组　C. 端盖　D. 机座

109. 三相异步电动机的定子由机座、定子铁芯、定子绕组、（　）、接线盒等组成。

A. 电刷　B. 换向器　C. 端盖　D. 转子

110. 三相异步电动机工作时，其电磁转矩是由（　）与转子电流共同作用产生的。

A. 定子电流　B. 电源电压　C. 旋转磁场　D. 转子电压

111. 对于晶闸管输出型 PLC，要注意负载电源为（　），并且不能超过额定值。

A. AC 600V　B. AC 220V　C. DC 220V　D. DC 24V

112. 三相异步电动机工作时，转子绕组中流过的是（　）。

A. 交流电　B. 直流电　C. 无线电　D. 脉冲电

113. 正弦量有效值与最大值之间的关系，正确的是（　）。

A. $E=E_m/\sqrt{2}$　B. $U=U_m/2$　C. $I_{av}=2/(\pi E_m)$　D. $E_{av}=E_m/2$

114. 根据电动机正反转梯形图，下列指令正确的是（　）。

0　X000　X001　X002　Y002　(Y001　)
Y001

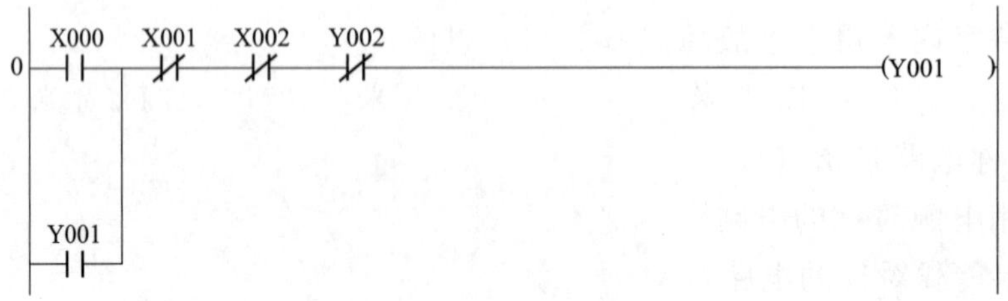

A. OR Y001　B. LDI X000　C. AND X001　D. AND X002

115. 根据电动机正反转梯形图，下列指令正确的是（　）。

X001 X000 X002 Y001
6 (Y002)
Y002

A. ORI Y002　　B. LDI X001　　C. ANDI X000　　D. AND X002

116. 根据电动机顺序启动梯形图，下列指令错误的是（　　）。

X000 X001 X002 T20
0 (Y001)
Y001
K30
(T20)

A. LDI X000　　B. AND T20　　C. AND X001　　D. OUT T20 K30

117. 根据电动机顺序启动梯形图，下列指令错误的是（　　）。

X000 X001 X002 T20
0 (Y001)
Y001
K30
(T20)

A. ORI Y001　　B. ANDI T20　　C. AND X001　　D. AND X002

118. 根据电动机顺序启动梯形图，下列指令错误的是（　　）。

X000 X001 X002 T20
0 (Y001)
Y001
K30
(T20)

A. ORI Y001　　B. LDI X000　　C. AND X001　　D. ANDI X002

119. 根据电动机自动往返梯形图，下列指令正确的是（　　）。

X000 X001 X002 Y002
0 (Y001)
X003
Y001

A. LD X000　　B. AND X001　　C. ORI X003　　D. ORI Y002

120. 根据电动机自动往返梯形图，下列指令错误的是（　　）。

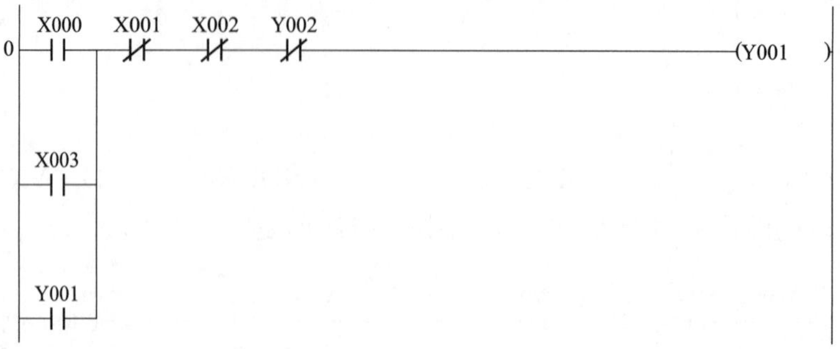

0 X000 X001 X002 Y002 (Y001)
X003
Y001

A. LDI X000　　B. AND X001　　C. OUT Y002　　D. ANDI X002

二、是非题（第121题～第200题。将判断结果填入括号中。正确的填√，错误的填×。每题0.5分，满分40分。）

121.（　）分立元件的多级放大电路的耦合方式通常采用阻容耦合。

122.（　）增量式光电编码器能够直接检测出轴的绝对位置。

123.（　）二极管由一个PN结、两个引脚封装组成。

124.（　）发现电气火灾后，应该尽快用水灭火。

125.（　）当生产要求必须使用电热器时，应将其安装在非燃烧材料的底板上。

126.（　）在爆炸危险场所，如有良好的通风装置，能降低爆炸性混合物的浓度，场所危险等级可以降低。

127.（　）电伤伤害是造成触电死亡的主要原因，是最严重的触电事故。

128.（　）电击伤害是造成触电死亡的主要原因，是最严重的触电事故。

129.（　）增量式光电编码器可将转轴的电脉冲转换成相应的角位移、角速度等机械量输出。

130.（　）在市场经济条件下，克服利益导向是职业道德社会功能的表现。

131.（　）增量式光电编码器主要由光源、码盘、检测光栅、光电检测器件和转换电路组成。

132.（　）软启动器的启动转矩比变频启动方式小。

133.（　）当被检测物体的表面光亮或其反光率极高时，对射式光电开关是首选的检测模式。

134.（　）电磁感应式接近开关由感应头、振荡器、继电器等组成。

135.（　）三相异步电动机制动效果最强烈的电气制动方法是反接制动。

136.（　）电工在维修有故障的设备时，重要部件必须加倍爱护，而像螺栓螺帽等通用件可以随意放置。

137.（　）直流双臂电桥的测量范围为0.01～11Ω。

138.（　）直流电动机按照励磁方式可分自励、并励、串励和复励四类。

139.（　）直流电动机按照励磁方式可分他励、并励、串励和复励四类。

140.（　）放大电路的静态值稳定常采用的方法是分压式偏置共射放大电路。
141.（　）直流电动机的电气制动方法有：能耗制动、反接制动、回馈制动等。
142.（　）风机、泵类负载在轻载时变频，满载时工频运行，这种工频-变频切换方式最节能。
143.（　）在使用光电开关时，应注意环境条件，使光电开关能够正常可靠地工作。
144.（　）绕线式异步电动机转子串电阻启动线路中，一般用电位器做启动电阻。
145.（　）控制按钮应根据使用场合环境条件的好坏分别选用开启式、防水式、防腐式等。
146.（　）示波管是示波器的核心，由电子枪、偏转系统及荧光屏三部分组成。
147.（　）单相半波可控整流电路中，控制角 α 越大，输出电压 U_d 越小。
148.（　）多台电动机的顺序控制功能既可以在主电路中实现，也能在控制电路中实现。
149.（　）通电延时型与断电延时型时间继电器的基本功能一样，可以互换。
150.（　）三相异步电动机的位置控制电路是由行程开关或相应的传感器来自动控制运行的。
151.（　）可编程控制器的工作过程是周期循环扫描工作过程，其工作过程主要分为三个阶段。
152.（　）频率、振幅和相位均相同的三个交流电压，称为对称三相电压。
153.（　）企业员工在生产经营活动中，只要着装整洁就行，不一定要穿名贵服装。
154.（　）兆欧表俗称摇表，是用于测量各种电气设备绝缘电阻的仪表。
155.（　）单相三线（孔）插座的左端为 N 极，接零线；右端为 L 极，接相（火）线；上端有接地符号的端应该接地线，不得互换。
156.（　）电气火灾的特点是着火后电气设备和线路可能是带电的，如不注意，即可能引起触电事故。
157.（　）二极管两端加上正向电压就一定会导通。
158.（　）职业活动中，每位员工都必须严格执行安全操作规程。
159.（　）低压电器的符号在不同的省市有不同的标准。
160.（　）直流电动机弱磁调速时，励磁电流越大，转速越高。
161.（　）增量式光电编码器与机器连接时，应使用柔性连接器。
162.（　）放大电路的静态值变化的主要原因是温度变化。
163.（　）电压与参考点无关，电位与参考点有关。
164.（　）低压电器的符号由图形符号和文字符号两部分组成。
165.（　）电流对人体的伤害可分为电击和电伤。
166.（　）直流电动机弱磁调速时，励磁电流越小，转速越高。
167.（　）企业员工对配备的工具要经常清点，放置在规定的地点。
168.（　）放大电路的静态值分析可用工程估算法。
169.（　）在感性负载两端并联适当电容就可提高电路的功率因数。

170.（ ）低压断路器类型的选择依据是使用场合和保护要求。
171.（ ）钢丝钳（电工钳子）可以用来剪切细导线。
172.（ ）放大电路的信号波形会受元件参数及温度影响。
173.（ ）放大电路的静态值分析可用图解法，该方法比较直观。
174.（ ）同步电动机的启动方法与异步电动机一样。
175.（ ）三相笼型异步电动机转子绕组中的电流是感应出来的。
176.（ ）共基极放大电路也具有稳定静态工作点的效果。
177.（ ）普通晶闸管可以用于可控整流电路。
178.（ ）电压是产生电流的根本原因，因此电路中有电压必有电流。
179.（ ）直流单臂电桥又称为惠斯登电桥，能准确测量大值电阻。
180.（ ）导线可分为裸导线和绝缘导线两大类。
181.（ ）绝缘导线多用于室内布线和房屋附近的室外布线。
182.（ ）当检测体为金属材料时，应选用高频振荡型接近开关。
183.（ ）单结晶体管有三个电极，符号与三极管一样。
184.（ ）单相整流是将交流电变为大小及方向均不变的直流电。
185.（ ）职业道德对企业起到增强竞争力的作用。
186.（ ）电容器通直流断交流。
187.（ ）二极管的图形符号表示正偏导通时的方向。
188.（ ）电气设备尤其是高压电气设备一般应有三人值班。
189.（ ）二极管按结面积可分为点接触型、面接触型。
190.（ ）电气设备尤其是高压电气设备一般应有四人值班。
191.（ ）增量式光电编码器输出的位置数据是相对的。
192.（ ）低压断路器具有短路和过载的保护作用。
193.（ ）单结晶体管触发电路输出尖脉冲。
194.（ ）正弦量可以用相量表示，因此可以说，相量等于正弦量。
195.（ ）正弦量的三要素是指其最大值、角频率和相位。
196.（ ）直流单臂电桥有一个比例而直流双臂电桥有两个比例。
197.（ ）单结晶体管只有一个 PN 结，符号与普通二极管一样。
198.（ ）熔断器用于三相异步电动机的过载保护。
199.（ ）导线可分为铜导线和铝导线两大类。
200.（ ）单结晶体管是一种特殊类型的三极管。

答案

一、

1.	D	2.	A	3.	A	4.	C	5.	B	6.	D
7.	A	8.	A	9.	A	10.	B	11.	B	12.	D

续表

13.	A	14.	D	15.	B	16.	D	17.	A	18.	D
19.	A	20.	A	21.	B	22.	B	23.	B	24.	C
25.	C	26.	A	27.	D	28.	C	29.	D	30.	A
31.	C	32.	B	33.	C	34.	D	35.	B	36.	A
37.	B	38.	A	39.	A	40.	C	41.	B	42.	C
43.	D	44.	B	45.	A	46.	B	47.	A	48.	D
49.	D	50.	C	51.	A	52.	C	53.	D	54.	C
55.	B	56.	C	57.	C	58.	C	59.	A	60.	A
61.	D	62.	A	63.	B	64.	B	65.	A	66.	C
67.	A	68.	D	69.	B	70.	A	71.	B	72.	A
73.	A	74.	A	75.	B	76.	C	77.	C	78.	D
79.	A	80.	C	81.	D	82.	A	83.	B	84.	A
85.	B	86.	A	87.	D	88.	C	89.	C	90.	C
91.	C	92.	B	93.	A	94.	D	95.	D	96.	D
97.	A	98.	A	99.	D	100.	C	101.	D	102.	C
103.	D	104.	A	105.	C	106.	A	107.	B	108.	B
109.	C	110.	C	111.	B	112.	A	113.	A	114.	A
115.	C	116.	D	117.	B	118.	D	119.	A	120.	D

二、

121～125	126～130	131～135	136～140	141～145	146～150
√×√×√	√×√××	√√××√	×××√√	√√√×√	√√√×√
151～155	156～160	161～165	166～170	171～175	176～180
√×√√√	√×√××	√√√√√	√√√√√	√√√×√	√√××√
181～185	186～190	191～195	196～200		
√√××√	×√√√×	√√√××	×××××		

［1］ 粟安安，龙飞．维修电工（中级）．北京：化学工业出版社，2008.
［2］ 李忠文，年立官．电工电子技术．北京：化学工业出版社，2009.
［3］ 李忠文，冯推柏，袁学军．可编程控制器应用与维修．北京：化学工业出版社，2007.
［4］ 劳动和社会保障部教材办公室组织编写．PLC应用技术．瞿彩萍．北京：中国劳动和社会保障出版社，2006.